面向 21 世纪精品课程教材

全国高等医药教育规划教材

生 物 化 学

- **主 编** 于晓虹
- **副主编** 史 锋

ZHEJIANG UNIVERSITY PRESS

浙江大学出版社

图书在版编目(CIP)数据

生物化学/于晓虹主编. —杭州：浙江大学出版社，2012.7(2017.12 重印)
ISBN 978-7-308-10249-0

Ⅰ.①生… Ⅱ.①于… Ⅲ.①生物化学－成人高等教育－升学参考资料 Ⅳ.①Q5

中国版本图书馆 CIP 数据核字（2012）第 156307 号

生物化学
于晓虹　主编

责任编辑	何　瑜　严少洁
封面设计	刘依群
出版发行	浙江大学出版社 （杭州市天目山路 148 号　邮政编码 310007） （网址：http://www.zjupress.com）
排　　版	杭州大漠照排印刷有限公司
印　　刷	浙江省良渚印刷厂
开　　本	787mm×1092mm　1/16
印　　张	12.75
字　　数	319 千
版 印 次	2012 年 7 月第 1 版　2017 年 12 月第 5 次印刷
书　　号	ISBN 978-7-308-10249-0
定　　价	28.00 元

浙江大学出版社发行中心联系方式：0571－88925591；http://zjdxcbs.tmall.com

前　言

　　生物化学是在分子水平研究和剖析生命本质的科学，即用化学的理论和基本方法研究生命的现象。其研究对象，是生命体内的各类物质的结构与功能、作用过程和机理，以及它们在人体生命活动中的作用。生物化学为其他医学基础课程和临床医学课程提供了必要的理论基础，因此是医学各有关专业的基础学科和必修课。本书根据医、药学专业本科、专科学生的学习特点编写，特点是简明扼要，强调生物化学的基础和核心内容；同时予以知识扩展介绍，以便有能力的学生补充阅读。

　　同时本书配有配套习题集，是根据生物化学核心内容设计。在习题中附有每章节的教学大纲和重点知识点的提示，设四种常见的习题类型和参考答案，以巩固所学知识。

　　本教材的对象是医药各专业本科、专科学生，同时也可作为自学考试同学的参考教材。

　　由于编者的水平有限，本书难免存在一些不足之处，恳请使用本教材的广大师生批评指正。

编　者

2012 年 5 月

目　　录

第一章　绪　论 …………………………………………………………………………… 1

　　第一节　生命的化学 ……………………………………………………………………… 1

　　第二节　生物化学的研究内容 …………………………………………………………… 1

　　第三节　生物化学与医学的关系 ………………………………………………………… 2

第二章　蛋白质化学 …………………………………………………………………… 3

　　第一节　蛋白质是生命的物质基础 ……………………………………………………… 3

　　第二节　蛋白质的化学组成 ……………………………………………………………… 3

　　第三节　蛋白质的分子结构 ……………………………………………………………… 7

　　第四节　蛋白质的结构与功能 …………………………………………………………… 12

　　第五节　蛋白质的性质 …………………………………………………………………… 14

第三章　核酸化学 ……………………………………………………………………… 18

　　第一节　核酸的化学组成 ………………………………………………………………… 18

　　第二节　核酸的分子结构 ………………………………………………………………… 20

　　第三节　DNA 的理化性质及其应用 …………………………………………………… 29

第四章　酶 ……………………………………………………………………………… 31

　　第一节　酶是生物催化剂 ………………………………………………………………… 31

　　第二节　酶分子结构与催化活性 ………………………………………………………… 33

　　第三节　酶促反应动力学 ………………………………………………………………… 41

　　第四节　酶的调节 ………………………………………………………………………… 46

第五章　糖代谢 ………………………………………………………………………… 50

　　第一节　糖的消化吸收 …………………………………………………………………… 50

　　第二节　糖的无氧分解代谢 ……………………………………………………………… 51

　　第三节　糖的有氧氧化 …………………………………………………………………… 56

　　第四节　磷酸戊糖途径 …………………………………………………………………… 61

　　第五节　糖原的合成与分解 ……………………………………………………………… 62

第六节　糖异生 ……………………………………………………… 67

第七节　血　糖 ……………………………………………………… 69

第六章　脂代谢 …………………………………………………… 73

第一节　脂类分子特性 ……………………………………………… 73

第二节　脂类的消化吸收 …………………………………………… 75

第三节　甘油三酯的分解代谢 ……………………………………… 76

第四节　甘油三酯的合成代谢 ……………………………………… 81

第五节　类脂的代谢 ………………………………………………… 85

第六节　血浆脂蛋白和脂类的运输 ………………………………… 90

第七章　生物氧化 ………………………………………………… 94

第一节　ATP 与能量代谢 …………………………………………… 94

第二节　线粒体氧化呼吸体系 ……………………………………… 96

第三节　氧化磷酸化 ………………………………………………… 101

第八章　氨基酸代谢 ……………………………………………… 105

第一节　蛋白质的营养作用 ………………………………………… 105

第二节　蛋白质的消化、吸收与腐败 ……………………………… 106

第三节　氨基酸的一般代谢 ………………………………………… 108

第四节　个别氨基酸代谢 …………………………………………… 116

第九章　核苷酸代谢 ……………………………………………… 124

第一节　嘌呤核苷酸代谢 …………………………………………… 125

第二节　嘧啶核苷酸代谢 …………………………………………… 131

第十章　DNA 生物合成 …………………………………………… 135

第一节　DNA 复制的特点 …………………………………………… 136

第二节　DNA 复制的反应体系 ……………………………………… 140

第三节　DNA 生物合成过程 ………………………………………… 146

第四节　真核生物 DNA 复制和端粒酶 ……………………………… 150

第五节　逆转录现象和逆转录酶 …………………………………… 153

第六节　DNA 损伤、修复和基因突变 ……………………………… 154

第十一章　RNA 的生物合成（转录） ……………………………… 159

第一节　转录的反应体系 …………………………………………… 159

第二节　转录过程 …………………………………………………… 161

第三节　真核生物 RNA 转录后的加工修饰 ………………………… 167

第十二章　蛋白质的生物合成 …………………………………………………………… 173

第一节　RNA 在蛋白质生物合成中的作用 ……………………………………… 173

第二节　蛋白质生物合成过程 ……………………………………………………… 178

第三节　蛋白质合成后加工 ………………………………………………………… 183

第十三章　基因表达调控 ………………………………………………………………… 185

第一节　基因表达调控的基本原理 ………………………………………………… 185

第二节　原核生物基因表达的调控 ………………………………………………… 186

第三节　真核原核生物基因表达的调控 …………………………………………… 191

参考文献 …………………………………………………………………………………… 196

第一章

绪　　论

第一节　生命的化学

生物化学是在分子水平研究和剖析生命本质的科学，即用物理、化学的理论和基本方法研究生命的现象。其研究对象，是生命体内的各类物质的结构与功能、作用过程与机理，以及它们在人体生命活动中的作用。生物化学的研究中，除采用化学的理论和技术外，也经常运用生理学、免疫学、遗传学及细胞生物学的新理论和方法。经历了多年的发展，目前生物化学的含义已大为扩展，成为研究生物大分子结构与功能、生命物质在生物体内的代谢变化以及生物信息的传递与调控来阐明生命现象的一门前沿学科。生物化学及其发展而来的分子生物学已成为生命科学各学科的基础，带动生命科学各学科快速发展。

第二节　生物化学的研究内容

物质是由分子组成。组成生命体与非生命体的分子都遵循着相同的物理和化学规律。活的有机体区别于无生命体首先是其分子组成和结构的复杂性；其次是能从环境中摄取、转换并利用能量；其三是有精确的自我复制和组装的能力。生物化学就是研究生命分子的组成、生命活动中的物质及能量转化以及生命延续过程生物分子所承担的功能和反应过程。本书介绍的生物化学内容主要包括以下三个领域。

1. 生物大分子的结构和功能

生物大分子是生物体特有的组成成分，它们由相对分子质量较小的生物小分子作为基本结构单位，通过特定顺序的排列，组合成相对分子质量较大的聚合体。本书重点介绍生物体的物质组成，生物分子的结构、性质和生物功能，即静态反映生物体的化学组成。

2. 物质代谢与代谢调节

新陈代谢是生命的基本特征，在整个生命过程中生物体需要不断地与外界环境进行物质交换，构成生命有机体的物质，如蛋白质、核酸、糖类、脂类及其他许多生物小分子化合物，它们通过不断地代谢更新而呈现出多姿多彩的生理功能和生命现象。这种代谢更新其实就是分子与分子间所发生的化学反应。本书重点介绍生物体内几大重要分子物质的代谢过程、变化规律和体内能量的产生及利用,即动态反映生物生命大分子的化学变化和能量变化。

3. 遗传信息的传递、表达和调控

遗传现象是生命的另一基本特征,近代生物化学研究表明,遗传信息储存于 DNA 分子中,少数生物如某些病毒则储存于 RNA 分子中。这些核酸类物质通过特定的核苷酸排列顺序携载了其特定的遗传信息,且通过特定的方式世代遗传。基因信息通过传递和表达,生成特定的蛋白质,呈现出与基因信息相对应的多种多样的生物学功能,在表达过程中始终存在着特定的调控机制。

第三节 生物化学与医学的关系

医学生物化学主要以人体为研究对象,生物化学与医学发展有密切关系,因此生物化学是各医、药学专业大学生的重要基础课程。人体许多生理功能变化及疾病的发病机制可从分子水平加以解释,进而能够更科学、更合理、更具针对性地建立起对疾病的诊断、治疗及预防的对策。现已证明,人类的许多疾病是由于先天的或后天获得的基因缺陷所造成的,对于这一类疾病可以直接利用某些分子生物学方法和技术,对基因结构的改变进行检测,并可通过 DNA 重组,改变病人组织细胞中的异常基因以达到治疗目的,即所谓基因治疗。利用基因工程技术还可生产各种细胞因子、激素等活性多肽、蛋白质及其他多种治疗和预防用生物制品,为人类疾病的预防和治疗开辟了广阔的前景。

第二章

蛋白质化学

第一节　蛋白质是生命的物质基础

蛋白质(protein)是由氨基酸为单位组成的一类重要的生物大分子,是生命的物质基础,在细胞中含量最丰富、功能最多。机体内蛋白质约占细胞干重的 70％以上,蛋白质几乎参与了生命活动的全部过程,其功能包括:

1. 酶的生物催化作用

物质代谢的全部生化反应几乎每一步都需要酶作催化剂。细胞酶系特点决定了生物代谢类型。

2. 调控作用

如参与基因调控的组蛋白、非组蛋白、阻遏蛋白;参与细胞间的信号传递的蛋白激素、生长因子。

3. 协调运动作用

如肌肉组织收缩蛋白等。

4. 参与运输、贮存作用

如血液中的血红蛋白运输氧,铁蛋白贮存铁。

5. 免疫保护作用

血浆中的免疫球蛋白和补体能特异地识别清除病原微生物和异体蛋白质;各种凝血因子能促进损伤部位凝血,保护受伤机体。

6. 其他作用

以蛋白受体形式介导神经递质、激素等信号传导;体内各种结构蛋白对机体的支持作用;血液清蛋白对细胞的营养作用等。

第二节　蛋白质的化学组成

一、元素组成

自然界中存在着 90 多种化学元素,但生命体所必需的只有 30 种,其中主要的 4 种元素占大多数细胞质量的 99％ 以上,它们是碳、氢、氧、氮。各种蛋白质的含氮量很接近,平均为 16％,即每毫克氮对应 6.25mg 蛋白质。由于蛋白质是生物体内主要含氮物质,因此生物样品蛋白质大致含量可计算为:

每克样品含氮 mg 数×6.25×100＝100g 样品中蛋白质含量(mg％)

二、蛋白质的基本结构单元——氨基酸

(一)氨基酸的结构

参与蛋白质合成的氨基酸仅有 20 种,除甘氨酸和脯氨酸外其化学结构均属 L-α-氨基酸,氨基酸的通式如下:

$$R—CH—COOH$$
$$|$$
$$NH_2$$

(二)氨基酸的分类

参与体内蛋白质合成的 20 种氨基酸(表 2-1),根据其侧链的结构和理化性质可以分为以下 4 类。

1. 非极性 R 基团氨基酸

该组氨基酸的 R 侧链基团为非极性的疏水基团。包括甘氨酸(Gly),丙氨酸(Ala),缬氨酸(Val),亮氨酸(Leu),异亮氨酸(Ile),脯氨酸(Pro),苯丙氨酸(Phe)。

2. 不解离的极性 R 基团氨基酸

该组氨基酸的 R 侧链基团在中性溶液中不发生解离,但含极性基团,可与水分子形成氢键。包括色氨酸(Trp),丝氨酸(Ser),酪氨酸(Tyr),半胱氨酸(Cys),蛋氨酸(Met),天冬酰胺(Asn),谷氨酰胺(Gln),苏氨酸(Thr)。

3. 可发生负电解离 R 基团氨基酸

该组氨基酸的 R 侧链基团在中性溶液中解离,生成带负电荷的氨基酸。包括天冬氨酸(Asp),谷氨酸(Glu);通常也将这两个氨基酸称为酸性氨基酸。

4. 可发生正电解离 R 基团氨基酸

该组氨基酸的 R 侧链基团在中性溶液中可解离,生成带正电荷的氨基酸。包括组氨酸(His),赖氨酸(Lys),精氨酸(Arg);通常也将这三个氨基酸称为碱性氨基酸。

表 2-1　20 种氨基酸

结　构　式	中文名	英文名	三字符号	一字符号	等电点(pI)
1. 非极性疏水性氨基酸					
H—CHCOO⁻ 　| 　⁺NH₃	甘氨酸	glycine	Gly	G	5.97
CH₃—CHCOO⁻ 　　| 　　⁺NH₃	丙氨酸	alanine	Ala	A	6.00
CH₃—CH——CHCOO⁻ 　　　|　　| 　　CH₃　⁺NH₃	缬氨酸	valine	Val	V	5.96

续 表

结 构 式	中文名	英文名	三字符号	一字符号	等电点(pI)
$CH_3-CH-CH_2-CHCOO^-$ $\quad\quad\vert\quad\quad\quad\quad\quad\vert$ $\quad\quad CH_3\quad\quad\quad ^+NH_3$	亮氨酸	leucine	Leu	L	5.98
$CH_3-CH_2-CH-CHCOO^-$ $\quad\quad\quad\quad\quad\vert\quad\quad\vert$ $\quad\quad\quad\quad CH_3\ ^+NH_3$	异亮氨酸	isoleucine	Ile	I	6.02
⬡$-CH_2-CHCOO^-$ $\quad\quad\quad\quad\quad ^+NH_3$	苯丙氨酸	phenylalanine	Phe	F	5.48
环状结构 脯氨酸	脯氨酸	proline	Pro	P	6.30

2. 极性中性氨基酸

结 构 式	中文名	英文名	三字符号	一字符号	等电点(pI)
吲哚环$-CH_2-CHCOO^-$ $\quad\quad\quad\quad ^+NH_3$	色氨酸	tryptophan	Trp	W	5.89
$HO-CH_2-CHCOO^-$ $\quad\quad\quad\quad\vert$ $\quad\quad\quad\quad ^+NH_3$	丝氨酸	senine	Ser	S	5.68
$HO-$⬡$-CH_2-CHCOO^-$ $\quad\quad\quad\quad\quad\quad ^+NH_3$	酪氨酸	tyrosine	Tyr	Y	5.66
$HS-CH_2-CHCOO^-$ $\quad\quad\quad\quad ^+NH_3$	半胱氨酸	cysteine	Cys	C	5.07
$CH_3SCH_2CH_2-CHCOO^-$ $\quad\quad\quad\quad\quad\quad ^+NH_3$	蛋氨酸	methionine	Met	M	5.74
$\quad O$ $\quad\parallel$ $C-CH_2-CHCOO^-$ $H_2N\quad\quad\quad ^+NH_3$	天冬酰胺	asparagine	Asn	N	5.41
$\quad O$ $\quad\parallel$ $CCH_2CH_2-CHCOO^-$ $H_2N\quad\quad\quad\quad ^+NH_3$	谷氨酰胺	glutamine	Gln	Q	5.65
$\quad CH_3$ $\quad\vert$ $HO-CH-CHCOO^-$ $\quad\quad\quad\quad ^+NH_3$	苏氨酸	threonine	Thr	T	5.60

结　构　式	中文名	英文名	三字符号	一字符号	等电点(pI)
3. 酸性氨基酸					
$HOOCCH_2-CHCOO^-$ 　　　　$\underset{+}{NH_3}$	天冬氨酸	aspartic acid	Asp	D	2.97
$HOOCCH_2CH_2-CHCOO^-$ 　　　　　$\underset{+}{NH_3}$	谷氨酸	glutamic acid	Glu	E	3.22
4. 碱性氨基酸					
$NH_2CH_2CH_2CH_2CH_2-CHCOO^-$ 　　　　　　　$\underset{+}{NH_3}$	赖氨酸	lysine	Lys	K	9.74
$\underset{\parallel}{\overset{NH}{}}$ $NH_2CNHCH_2CH_2CH_2-CHCOO^-$ 　　　　　　　　$\underset{+}{NH_3}$	精氨酸	arginine	Arg	R	10.76
$HC=C-CH_2-CHCOO^-$ $\underset{N}{}\ \ \underset{NH}{}\ \ \ \ \ \underset{+}{NH_3}$ 　$\underset{C}{}$ 　$\underset{H}{}$	组氨酸	histidine	His	H	7.59

(三) 氨基酸的理化性质

1. 两性解离及等电点

氨基酸的分子中既有碱性的 α-氨基，又有酸性的 α-羧基，因而在不同的溶液中它们既可以解离形成带正电荷的阳离子($-NH_3^+$)，也可以解离形成带负电荷的阴离子($-COO^-$)，这种具有双重解离性质的物质被称为两性电解质。因此氨基酸是两性电解质。

$$R-\underset{NH_3^+}{\overset{|}{CH}}-COOH \underset{H^+}{\overset{OH^-}{\rightleftharpoons}} R-\underset{NH_3^+}{\overset{|}{CH}}-COO^- \underset{H^+}{\overset{OH^-}{\rightleftharpoons}} R-\underset{NH_2}{\overset{|}{CH}}-COO^-$$

$$\text{pH}<\text{pI} \qquad\qquad \text{pH}=\text{pI} \qquad\qquad \text{pH}>\text{pI}$$

通过改变溶液的 pH 可使氨基酸分子的解离状态发生改变。在某一 pH 条件下，使氨基酸解离成阳离子和阴离子的数量相等，分子呈电中性，即形成了兼性离子，此时溶液的 pH 称为该氨基酸的等电点(isoelectric point, pI)。

2. 紫外吸收性质

在 20 种氨基酸中，三个芳香族氨基酸酪氨酸、苯丙氨酸和色氨酸因为它们的侧链基团含有苯环共轭双键，所以在紫外区(220~300nm)有特征吸收，并以色氨酸吸收最强。蛋白质基本含有一定量的芳香族氨基酸，在 280nm 紫外处也就有了吸收，并且吸收能力与溶液蛋白质浓度成正比，该性质可用于测定样品中的蛋白质的相对含量。

3. 茚三酮反应

茚三酮在弱酸性溶液中与 α-氨基酸共热，引起氨基酸氧化脱氨、脱羧反应，茚三酮水合物被还原并与氨基酸加热分解产生的氨结合,再与另一茚三酮缩合产生蓝紫色化合物,因此可利用此性质测定氨基酸的含量。

第三节　蛋白质的分子结构

一、蛋白质的一级结构

蛋白质分子多肽链中氨基酸的排列顺序称为蛋白质的一级结构(primary structure)。各种蛋白质中氨基酸排列顺序是由该生物遗传信息决定的,一级结构是蛋白质分子的基本结构,它是决定蛋白质空间构象的基础,而蛋白质的空间构象则是实现其生物学功能的基础。

(一)肽键和肽链

肽键是一分子氨基酸的 α-羧基与另一分子氨基酸的 α-氨基脱水缩合形成的酰胺键(—CO—NH—),属共价键。肽键是蛋白质结构中的主要化学键,此共价键较稳定,不易受破坏。

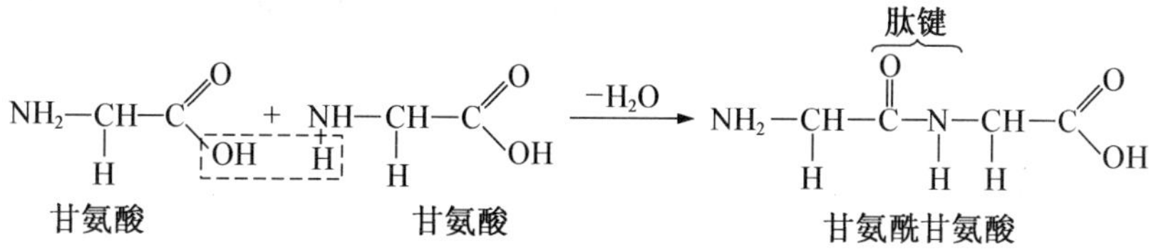

肽与肽键

多个氨基酸以肽键连接成的反应产物称为肽(peptide),或肽链(peptide chain)。组成肽键原子及其相连的两个 C_α 原子称为肽单元(peptide unit)。肽主链骨架实际上是由许多重复单位,即肽单元借助 C_α 相连而成。

少数氨基酸相连而成的肽称为寡肽(oligopeptide);多个氨基酸相连而成的肽称为多肽(polypeptide)。凡氨基酸残基数目在 50 个以上,且具有特定空间结构的肽称蛋白质;凡氨基酸残基数目在 50 个以下,且无特定空间结构者称多肽。肽链中的氨基酸分子因形成肽键失去部分基团,被称为氨基酸残基(residue)。多肽链有两端,有自由 α-氨基的一端称氨基末端(amino terminal)或 N-端;有自由 α-羧基的一端称为羧基末端(carboxyl terminal)或 C-端。

胰岛素(insulin)由 51 个氨基酸残基组成,分为 A、B 两条链。A 链 21 个氨基酸残基,B 链 30 个氨基酸残基。A、B 两条链之间通过两个二硫键联结在一起,A 链另有一个链内二硫键(图 2-1)。

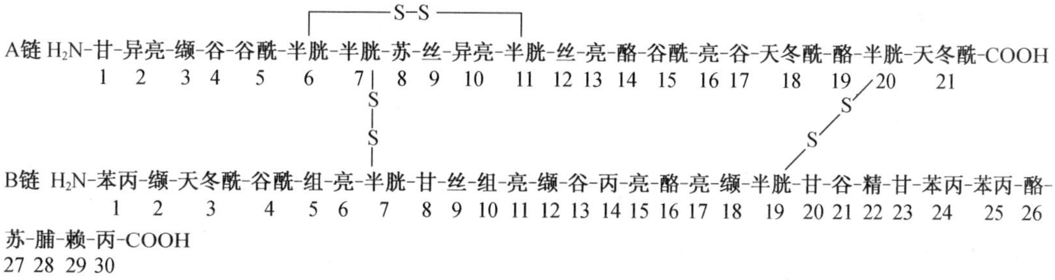

图 2-1　牛胰岛素的一级结构

（二）生物活性肽

生物体内具有一定生物学活性的肽类物质称生物活性肽。重要的有谷胱甘肽、神经肽、肽类激素等。

1. 谷胱甘肽（GSH）

全称为 γ-谷氨酰半胱氨酰甘氨酸。其巯基可氧化、还原，故有还原型谷胱甘肽（GSH）与氧化型谷胱甘肽（GSSG）两种存在形式。

谷胱甘肽的生理作用：① 解毒作用：与毒物或药物结合，消除其毒性作用；② 参与氧化还原反应：作为重要的还原剂，参与体内多种氧化还原反应；③ 保护巯基酶的活性：使巯基酶的活性基团—SH 维持还原状态；④ 维持红细胞膜结构的稳定：消除氧化剂对红细胞膜结构的破坏作用。

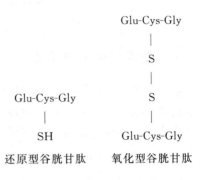

2. 多肽类激素

许多小肽在很低浓度下就可发挥作用，如激素类的脑下垂体素、缓激肽、促甲状腺素释放因子等。

3. 其他肽类活性物质

有些极毒的蘑菇毒素、许多抗生素，还有商业合成的二肽甜味剂天冬甜素等都属于肽类物质。

二、蛋白质的三维结构

（一）维持蛋白质结构的化学键

1. 氢键

氢键（hydrogen bond）的形成常见于连接在一电负性很强的原子上的氢原子，与另一电负性很强的原子之间。

2. 疏水键

非极性物质在含水的极性环境中存在时，会产生一种相互聚集的力，这种力称为疏水键或疏水作用力。

3. 离子键（盐键）

离子键（salt bond）是由带正电荷基团与带负电荷基团之间相互吸引而形成的化学键。

4. 范德华（van der Waals）力

原子之间存在的相互作用力。

（二）蛋白质的二级结构

蛋白质的二级结构（secondary structure）是指多肽链中主链原子在各局部区段空间的排列分布状况，而不涉及各 R 侧链的空间排布。

1. 肽平面

肽键不能自由旋转而使涉及肽键的 6 个原子共处于同一平面，称为肽键平面，又称肽单元（peptide unit），见图 2-2。

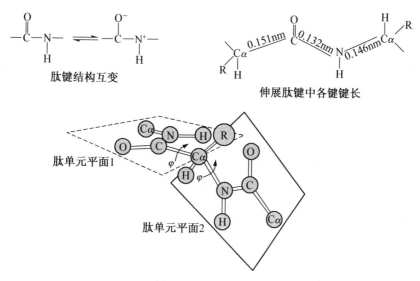

图 2-2　肽键,肽平面

蛋白质的二级结构主要包括:α-螺旋、β-折叠、β-转角及无规卷曲等几种类型。维持蛋白质二级结构稳定的主要力是氢键。

2. α-螺旋结构

α-螺旋结构是指蛋白质肽链骨架围绕一个轴形成的构象,是蛋白质中最常见、最典型、含量最丰富的二级结构元件(图 2-3)。α-螺旋结构的特点有:

(1) 肽单元围绕中心轴呈有规律右手螺旋,每 3.6 个氨基酸残基螺旋上升一圈,螺距为0.54nm,每个残基上升 0.15nm,螺旋半径 0.23nm。

(2) α-螺旋的每个肽键的 N—H 与相邻第四个肽键的羰基氧形成氢键(hydrogen bond),氢键的方向与螺旋长轴基本平行,肽链中的全部肽键都可形成氢键,是维持 α-螺旋结构稳定的主要次级键。

(3) 氨基酸侧链伸向螺旋外侧,不参与 α-螺旋的形成,但其形状、大小及电荷量的多少均影响 α-螺旋的形成。这种影响主要表现在以下几方面:

① 极大的侧链基团:如 Ile、Phe、Trp 集中排列的肽段,因为存在空间位阻而妨碍了 α-螺旋的形成。

② 连续存在的侧链带有相同电荷的氨基酸残基:如 Glu、Asp 相邻排列,同种电荷的互斥效应影响了肽链内氢键的形成,不利于 α-螺旋的形成。

③ 有 Pro 等亚氨基酸存在:由于其 R 侧链与其 α-氨基成环,C_α—N 键不能自由旋转,所以不能形成 α-螺旋所需的角度;另外,Pro 残基 α-氨基上没有 H,因而不能形成链内氢键,影响了此处 α-螺旋的形成。

④ 有甘氨酸存在:甘氨酸 R 侧链为 H,因而没有约束,肽平面可以任意取向,所以形成 α-螺旋的几率很小,即使形成,由

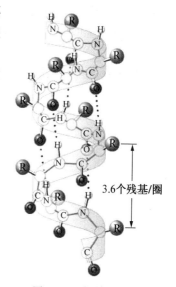

3.6个残基/圈

图 2-3　α-螺旋的结构

于其活泼的旋转性也极不稳定。

3. β-折叠

β-折叠是由若干肽段或肽链排列并以氢键相连所形成的扇面状片层构象(图 2-4)。是某些纤维状蛋白质分子中的基本构象,也是球状蛋白质中常见的构象。

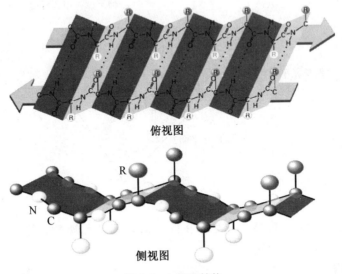

俯视图

侧视图

图 2-4 β-折叠结构

β-折叠的特点有:

(1) 肽链近于充分伸展的结构,各个肽单元以 C_α 为旋转点,依次折叠,侧面看呈锯齿状结构。

(2) 肽链成平行排列,相邻肽段的肽链相互交替形成氢键,这是维持 β-折叠构象稳定的主要因素。

(3) 肽链的平行走向有两种:平行式,即相互平行的肽段的 N 端在同一侧;反平行式,即相互平行的肽段的 N 端在不同一侧。

(4) 肽链中的氨基酸残基的 R 侧链垂直于相邻的两个肽平面的交线,交替地分布于 β-折叠的两侧。

(5) β-折叠涉及肽段一般比较短,只含 5~10 个氨基酸残基。

4. β-转角

β-转角是多肽链180°回折部分所形成的一种二级结构(图 2-5),其结构特征为:

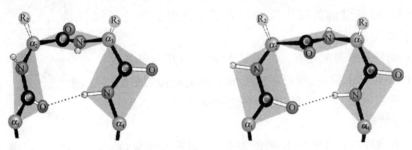

图 2-5 β-转角结构

（1）主链骨架本身以大约 180° 回折。

（2）回折部分通常由四个氨基酸残基构成。

（3）构象依靠第一残基的—CO 基与第四残基的—NH 基之间形成氢键来维系。

5. 无规卷曲

或称卷曲（coil），是指多肽链主链部分形成的无规律的卷曲构象。虽相对没有规律性排布，但是其同样表现重要生物学功用，但习惯称为"无规卷曲"。

（三）蛋白质的超二级结构

在蛋白质分子中特别是球形蛋白质分子中，经常有若干个相邻的二级结构元件（主要是 α-螺旋和 β-折叠）组合在一起，彼此相互作用形成种类不多的、有规律的二级结构组合（combination）或二级结构串（cluster），在多种蛋白质中充当三级结构的构件，称为超二级结构（super-secondary structure）或模序。

（四）蛋白质的三级结构

蛋白质的三级结构（tertiary structure）是指蛋白质的一条多肽链的所有原子的整体排列。包括形成主链构象和侧链构象的所有原子在三维空间的相互关系（图 2-6）。也就是一条多肽链的完整的三维结构。单链蛋白质只有达到三级结构才具有完整的生物学活性。

 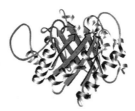

磷酸丙糖异构酶　　　　　　　　　　丙酮酸激酶

图 2-6　蛋白质三级结构示意图

稳定三级结构的因素是侧链基团的次级键的相互作用，包括氢键、离子键（盐键）、疏水作用、范德华力。

（五）结构域（domain）

在一级结构上相距较远的氨基酸残基，通过三级结构的形成，多肽链的弯折，彼此聚集在一起，从而形成一些在功能上相对独立的，结构较为紧凑的区域，称为结构域。结构域在空间上相对独立。

（六）蛋白质的四级结构

蛋白质的四级结构（quaternary structure）就是指具有两条或两条以上多肽链的蛋白质分子中亚基的立体排布，亚基间的相互作用与接触部位的布局（图 2-7）。

亚基（subunit）就是指参与构成蛋白质四级结构的、每条具有三级结构的多肽链。维系蛋白质四级结构的是氢键、盐键、范德华力、疏水键等非共价键。具有四级结构的蛋白质也称寡聚蛋白。

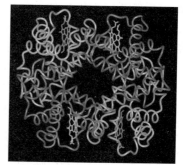

图 2-7　血红蛋白（Hemoglobin）
　　　　的四级结构

第四节　蛋白质的结构与功能

一、蛋白质一级结构与功能的关系

蛋白质的一级结构决定了空间构象,空间构象决定了蛋白质的生物学功能。

(一)蛋白质的一级结构决定其高级结构

如核糖核酸酶含 124 个氨基酸残基,含 4 对二硫键,在尿素和还原剂 β-巯基乙醇存在下,二硫键和次级键被破坏变为松散状态,生物学活性丧失。但去除尿素和 β-巯基乙醇后,在正确的一级结构存在下,可自动恢复 4 对二硫键,盘曲成天然三级结构构象并恢复生物学功能(图 2-8)。

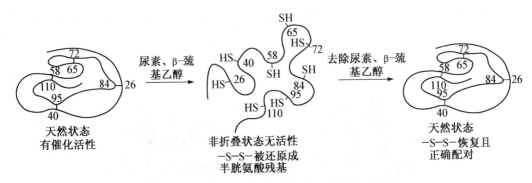

图 2-8　牛核糖核酸酶一级结构与空间结构的关系

(二)一级结构与功能的关系

已有大量的实验结果证明,如果多肽或蛋白质一级结构相似,其折叠后的空间构象以及功能也相似。几种氨基酸序列明显相似的蛋白质,彼此称为同源蛋白质。可认为同源蛋白质来自同一祖先,它们的基因编码序列及蛋白质氨基酸组成有较大的保守性,构成蛋白质家族。在进化过程中祖先蛋白的基因发生突变,蛋白质结构逐渐发生变异,同源蛋白质序列的相似性大小反映蛋白质之间的进化关系的近远。比较广泛存在各种生物的某种蛋白质,如细胞色素 c 的一级结构,通过分析不同物种的细胞色素 c 一级结构间相似程度,可反映出该物种在进化中的位置(图 2-9)。

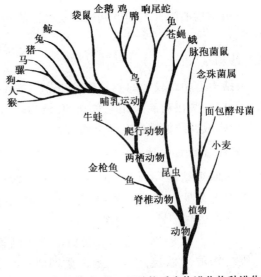

从细胞色素 c 的一级结构看生物进化物种进化过程中越接近的生物,它们的细胞色素 c 一级结构越近似

图 2-9　细胞色素 c 的一级结构与生物进化的关系

二、蛋白质的空间结构与功能的关系

蛋白质的空间结构决定了其生物学功能。下面以肌红蛋白和血红蛋白为例,说明蛋白质空间结构和功能关系。

（一）肌红蛋白（Mb）和血红蛋白（Hb）的结构的相似性决定了功能的相似性

肌红蛋白与血红蛋白都能与氧结合,它们都以血红素为辅基,并且在血红素周围以疏水性氨基酸残基为主,形成空穴,为铁原子与氧结合创造了结构环境。

（二）肌红蛋白（Mb）和血红蛋白（Hb）的结构的差异性决定了功能的不同

肌红蛋白为单肽链蛋白质（图 2-10）,而血红蛋白是由四个亚基组成的寡聚蛋白（图 2-11）,这样的空间结构差异决定了它们之间的功能的各自特性。

肌红蛋白的主要功能是储存氧。其三级结构折叠方式使辅基血红素对环境中 O_2 的浓度改变非常敏感,当环境中的 O_2 分压高时,肌红蛋白与 O_2 结合能力极高,起到对 O_2 的储存功能;当环境中的 O_2 分压低时,肌红蛋白与 O_2 结合能力大大降低,对外释放 O_2,为环境提供 O_2 供机体所需。

血红蛋白的主要功用是在循环中转运氧。血红蛋白由 4 个亚基组成四级结构,每个亚基可结合 1 个血红素并携带 1 分子氧,共结合 4 分子氧。血红蛋白各亚基的三级结构与 Mb 极为相似,也有可逆结合氧分子的能力,但血红蛋白各亚基与氧的结合存在着正协同效应。

肌红蛋白

图 2-10　肌红蛋白四级结构

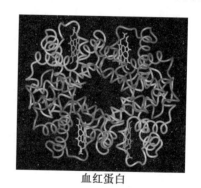

血红蛋白

图 2-11　血红蛋白四级结构

（三）血红蛋白的构象变化与运氧功能

变构效应（allosteric effect）：当血红蛋白的一个 α 亚基与氧分子结合以后,可引起其他亚基的构象发生改变,对氧的亲和力增加,从而导致整个分子的氧结合力迅速增高,使血红蛋白的氧饱和曲线呈"S"形（图 2-12）。这种由于蛋白质分子构象改变而导致蛋白质分子功能发生改变的现象称为变构效应。引起变构效应的小分子称变构效应剂。变构效应在细胞蛋白与酶功能调节中（变构酶）有普遍意义。

协同效应（cooperativity）：一个亚基与其配体（血红蛋白中的配体为 O_2）结合后,能影响此寡聚体中另一亚基与配体的结合能力,称为协同效应。如果是促进作用则称为正协同效应（positive cooperativity）;反之则为负协同效应（negative cooperativity）。

当血红蛋白中第一个亚基与 O_2 结合后,引起其他盐键断裂促进第二、三、四亚基更易与 O_2 结合,完成血红蛋白的带 O_2 过程,发生了亚基之间相互作用的正协同效应。带 O_2 的血红蛋白亚基结构松弛,呈松弛态(relaxed state,R 态)。这时小分子(O_2)与大分子(Hb)亚基结合,导致分子构象改变及生物功能变化的过程,发生了变构效应。

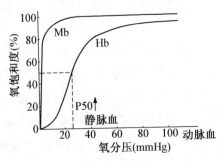

图 2-12　肌红蛋白(Mb)与血红蛋白(Hb)的氧解离曲线

　　血红蛋白特定空间构象及亚基间的正协同效应,则有利于血红蛋白在氧分压高的肺部迅速充分地与 O_2 结合;而在氧分压低的组织中发生相反过程,又迅速地最大限度地释出转运的 O_2,完成血红蛋白的生理功能。

　　[知识扩展]　蛋白质结构与功能研究与医学的关系

　　蛋白质一级结构中起关键作用的氨基酸残基缺失或被替代,可能通过影响蛋白质的空间构象而影响其生理功能。例如正常人血红蛋白 β-亚基的第 6 位氨基酸是谷氨酸,如突变为缬氨酸,仅一个氨基酸改变,就会使红细胞中水溶性的血红蛋白易于聚集粘着,红细胞变形成镰刀状且极易破碎,带氧功能降低,产生贫血。这种血红蛋白分子变异引起的遗传性疾病称镰刀型红细胞贫血。

　　当蛋白质由于折叠错误而相互聚集,常形成抗蛋白水解酶的淀粉样纤维沉淀。可导致人类纹状体脊髓变形病、老年痴呆、亨丁顿舞蹈病(Huntington disease)、疯牛病等等。

　　疯牛病是朊病毒蛋白(prion protein,PrP)引起的人和动物神经退行性病变。这类疾病具有传染性、遗传性或散在发病的特点。PrPc 为基因正常编码产物,PrPsc 为致病蛋白,PrPc 与 PrPsc 一级结构完全相同。

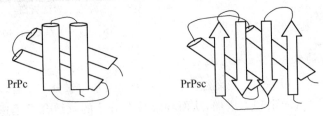

正常蛋白 PrPc 和可致疯牛病的蛋白 PrPsc 一级结构相同,只存在空间构象的差异。

第五节　蛋白质的性质

一、蛋白质的变性和复性

蛋白质在某些理化因素的作用下,其严格的空间构象受到破坏,从而改变其理化性质,并失去其生物活性,称为蛋白质的变性(denaturation)。变性的实质是蛋白质各种次级键破坏使得天然构象受到破坏,所以,功能发生改变,但一级结构不变,无肽键断裂。变性后由于肽链松散,面向内部的疏水基团暴露于分子表面,蛋白质分子溶解度降低并互相凝聚而易于沉淀,其活性随之丧失。

（一）引起蛋白质变性的因素

1. 物理因素

高温、高压、紫外线、电离辐射、超声波等;

2. 化学因素

强酸、强碱、有机溶剂、重金属盐等。

（二）变性蛋白质的性质改变

1. 物理性质

旋光性改变,溶解度下降,沉降率升高,黏度升高,结晶能力消失,光吸收度增加等。

2. 化学性质

官能团反应性增加,易被蛋白酶水解。

3. 生物学性质

原有生物学活性丧失,抗原性改变。

（三）蛋白质的复性

蛋白质变性具有可逆性。当蛋白质变性程度较轻,可在消除变性因素条件下使蛋白质恢复或部分恢复其原有的构象和功能,称为蛋白质复性(renaturation)。如上述核糖核酸酶在实验条件下的变性及复性。但是许多蛋白质或结构复杂或变性后空间构象严重破坏,不可能发生复性,称为不可逆性变性。这进一步证明了蛋白质空间结构与功能密切相关。

[知识扩展]　与医学的关系

利用变性因素,作用于病原微生物蛋白,使其变性失活,来消毒及灭菌。变性蛋白质由于肽链松散易被蛋白酶水解,因而,加热使蛋白质变性了的食物更易被人体消化吸收。相反,在蛋白质分离纯化过程中或有效保存蛋白质制剂(如疫苗等)时,应防止蛋白质变性。

二、蛋白质的两性解离与等电点

蛋白质分子中有许多酸性基团和碱性基团,它们同处于一个大分子中,在同一环境中有着不同解离状态,既可以发生酸性解离又可以发生碱性解离,因此称为两性电解质。蛋白质分子中,除 N-端的 α-氨基和 C-端的 α-羧基外,肽链内多种氨基酸残基的 R 侧链带有可解离成正、负离子的化学基团,如 Lys 残基的 ε-氨基、Arg 残基的胍基、His 残基的咪唑基、Asp 残基的 β-羧基和 Glu 残基 γ-羧基等。因此,蛋白质分子可呈两性解离,其电离过程和带电状态决定于溶液的 pH 值。当某一 pH 条件下,蛋白质解离成正、负离子的数量相等,净电荷为零,此时溶液的 pH 值称为蛋白质的等电点(pI)。对某种蛋白质溶液的 pH 大于其 pI,该蛋白质带负电荷,反之,溶液的 pH 小于其 pI 则蛋白质带正电荷(图 2-14)。另外,蛋白质在等电点的溶液中溶解度最小。

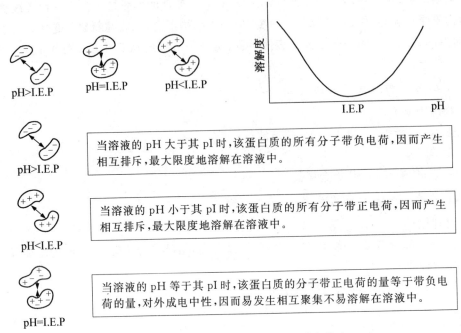

图 2-14　蛋白质在不同 pH 条件下的溶解状态

体内大多数蛋白质的等电点接近于 pH5.0,在体液 pH7.4 的环境下可解离成负离子。少数蛋白质为碱性蛋白质,如鱼精蛋白、组蛋白等。也有少量蛋白质为酸性蛋白质,如胃蛋白酶和丝蛋白等。蛋白质的电泳和离子交换层析技术就是依据蛋白质的两性解离性质(图 2-15)。

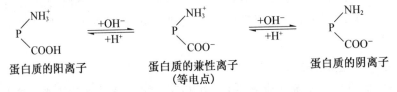

图 2-15　蛋白质的两性解离

三、蛋白质的胶体性质

蛋白质分子的颗粒直径已达 1～100nm,处于胶体颗粒的范围。因此,蛋白质具有亲水溶胶的性质。维持蛋白质胶体溶液稳定的重要因素有两个:一个是蛋白质颗粒表面大多为亲水基团,可吸引水分子,形成颗粒表面水化膜,使其溶解在水溶液中;另一个是同种蛋白质胶粒表面带有同种电荷,电荷的相互排斥作用使蛋白胶体颗粒最大限度分散在溶液中(图 2-16)。以上两个原因可起到胶粒稳定的作用,使蛋白质颗粒难以相互聚集从溶液中沉淀析出。如去除蛋白质胶粒的上述两个稳定因素时,可使蛋白质易从溶液中析出,在蛋白

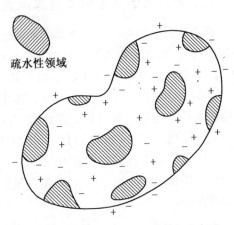

图 2-16　蛋白质分子上的电荷与疏水区

质分离中的盐析和丙酮沉淀直接依据这一原理。另外,蛋白质是生物大分子,依据不同蛋白质分子大小差异,可利用透析、凝胶过滤、分子筛层析、超离心等技术分离蛋白质。

四、蛋白质的沉淀和凝固

蛋白质分子相互聚集而从溶液中析出的现象称为沉淀(precipitation)。变性后的蛋白质由于疏水基团的暴露而易于沉淀,但沉淀的蛋白质不一定都是变性后的蛋白质。

加热使蛋白质变性时使其变成比较坚固的凝块,此凝块不易再溶于强酸和强碱中,这种现象称为蛋白质的凝固(protein coagulation),凡凝固的蛋白质一定发生变性。

利用蛋白质沉淀的性质可以对蛋白质进行分离纯化:

(一) 盐析

在蛋白质溶液中加入少量的中性盐可以提高蛋白质的溶解度,称为盐溶;加入大量中性盐,以破坏蛋白质的胶体性质,使蛋白质从溶液中沉淀析出,称为盐析。

常用的中性盐有:硫酸铵、氯化钠、硫酸钠等。盐析时,溶液的 pH 在蛋白质的等电点处效果最好。盐析沉淀蛋白质时,通常不会引起蛋白质的变性。

(二) 有机溶剂沉淀蛋白质

能与水以任意比例混合的有机溶剂,如乙醇、甲醇、丙酮等,均可用于沉淀蛋白质。沉淀原理是:① 脱水作用;② 使水的介电常数降低,蛋白质溶解度降低。

五、蛋白质的紫外吸收

蛋白质在紫外光波长 280nm 处有最大吸收,这是因为芳香族氨基酸残基(色氨酸及酪氨酸残基)内存在共轭双键引起的,可以 280nm 光吸收值的检测用于蛋白质含量的测定。

第三章

核 酸 化 学

核酸(nucleic acid)是以核苷酸为基本单位组成的体内重要的生物大分子。由于最初是从细胞核分离出来,又具有酸性,故称为核酸。核酸分为脱氧核糖核酸(deoxyribonucleic acid,DNA)和核糖核酸(ribonucleic acid,RNA)两大类。在真核生物中,DNA 主要存在于细胞核中,是遗传信息的贮存和携带者;RNA 则主要存在于细胞质中,参与遗传信息表达的各个过程,但某些病毒只含有 DNA 或 RNA,所以 RNA 也可以作为遗传信息的载体。遗传与变异是人类最重要、最本质的生命现象,而核酸正是生物遗传与变异的物质基础。核酸分子结构的多样性、复杂性决定了它在生命活动中发挥着极其重要的作用。

第一节 核酸的化学组成

核苷酸是各种核酸的基本组成单位。核苷酸可经进一步分解成核苷及核酸。核苷是由戊糖和有机含氮碱基组成。而戊糖包括 D-核糖和 D-2′-脱氧核糖。正是根据戊糖的不同,核酸被分为核糖核酸及脱氧核糖核酸。

$$
核酸 \rightarrow 核苷酸
\begin{cases}
磷酸 \\
核苷
\begin{cases}
戊糖 \rightarrow \begin{cases} 核糖 \\ 脱氧核糖 \end{cases} \\
含氮碱 \longrightarrow \begin{cases} 嘌呤碱 \\ 嘧啶碱 \end{cases}
\end{cases}
\end{cases}
$$

一、戊 糖

核酸分子中的戊糖都是 β-D 型的,糖环上的碳原子往往以 1′、2′、3′ 等来表示,以区别于碱基杂环上的碳原子编号。组成 RNA 的核苷酸中含有 β-D-核糖,而 DNA 则含有 β-D-2′ 脱氧核糖(图 3-1)。

图 3-1 核糖及脱氧核糖

二、碱 基

核酸中的碱基分两类：嘌呤碱和嘧啶碱(图 3-2)。

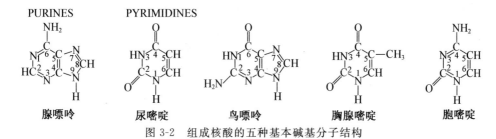

图 3-2 组成核酸的五种基本碱基分子结构

(一) 嘌呤碱

主要有腺嘌呤(adenine，A)和鸟嘌呤(guanine，G)。

(二) 嘧啶碱

主要有胞嘧啶(cytosine，C)、尿嘧啶(uracil，U)和胸腺嘧啶(thymine，T)，其中尿嘧啶一般只存在于 RNA 中，而胸腺嘧啶只存在于 DNA 中。所以组成 RNA 的碱基是 A、G、C、U，而组成 DNA 的碱基是 A、G、C、T。

嘌呤环和嘧啶环中含有共轭双键，因而都有吸收紫外光的性质，其吸收高峰在波长 260nm处左右。

三、核 苷

核苷是由核糖(或脱氧核糖)与碱基缩合而成(图 3-3)。核糖的第一位碳原子(C_1')与嘌呤碱的第九位氮原子(N_9)相连接，或与嘧啶碱的第一位氮原子(N_1)相连，这种 C—N 连接键一般称为 β-N-糖苷键。

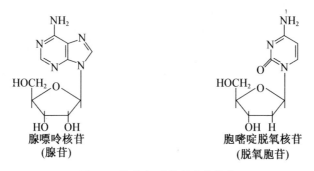

图 3-3 核糖与碱基形成的核苷

四、核苷酸

(一) 分子组成

核苷与磷酸通过酯键缩合，即构成核苷酸，分核糖核苷酸和脱氧核糖核苷酸。

含有一个磷酸基团的核苷酸称为核苷一磷酸(nucleoside monophosphate，NMP)；含有两个磷酸基团的核苷酸称为核苷二磷酸（nucleoside diphosphate，NDP）；含有三个磷酸基团的核苷酸称为核苷三磷酸（nucleoside triphosphate，NTP）（图 3-4）。

生物体内的核苷酸组成中多数是以核糖的 C_5' 与磷酸基团连接的。

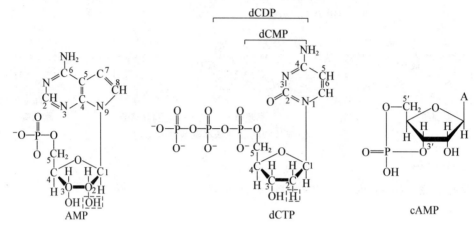

图 3-4　不同类型核苷酸的结构

（二）核苷酸的命名

核苷酸以参与组成的碱基来命名，根据磷酸基团的数目称为核苷一磷酸（NMP），核苷二磷酸（NDP），核苷三磷酸（NTP）。如核苷酸分子中的一个磷酸基团与核糖的两个位点缩合形成两个酯键则称为环化核苷酸，如 3-4 图中的 cAMP。

（三）核苷酸的功能

核苷酸是组成核酸的基本单位。组成 RNA 的基本核苷酸分别是 AMP、GMP、CMP 和 UMP 四种。组成 DNA 的核苷酸是 dAMP、dGMP、dCMP、dTMP 四种，因其核糖是 $2'$-脱氧核糖，在表述时核苷酸前加以 d-表示。

[知识扩展]　在人体中，还存在许多核苷酸的衍生物，它们起着极其重要的作用。如核苷二磷酸（NDP）即在核苷酸的磷酸基上又连接一个新的磷酸基。含有三个磷酸基的核苷酸被称为核苷三磷酸（NTP）。这些在核苷酸基础上新配装的磷酸酯键，往往与众不同，它们所具有的键能一般都远高于寻常的化学键，称为高能键，以"～"表示。γ 和 β 位的磷酸酯键均为高能磷酸键，所以，NDP、NTP 又称为高能化合物，它们往往参与体内能量的转化过程。有些核苷酸还能组成辅酶（如辅酶Ⅰ、辅酶Ⅱ、辅酶 A 等），参与体内物质代谢过程。此外，还有环化了的核苷酸，如环腺苷酸（cyclic AMP，cAMP）和环鸟苷酸（cGMP），它们在细胞信息传导过程中，都具有重要的调控作用。

第二节　核酸的分子结构

一、核酸的一级结构

核酸的一级结构是指其结构中核苷酸的排列次序（图 3-5）。在庞大的核酸分子中，各个核苷酸的唯一不同之处仅在于碱基的不同。因此核苷酸的排列次序也称碱基排列次序。

　　核酸就是由许多核苷酸单位通过 3′,5′-磷酸二酯键连接起来形成的不含侧链的长链状化合物。核酸具有方向性的长链状化合物，多核苷酸链的两端，一端称为 5′-端，另一端称为 3′-端。

　　组成 DNA 的核苷酸虽然只有四种，但是各种核苷酸的数量、比例和排列次序不同，并且 DNA 分子中的核苷酸（碱基）数量都多达百万乃至千万，因此可以形成各种特异性的 DNA 片段，由这些排列方式所提供的信息，几乎是无限的，从而造就了自然界丰富多彩的物种和个体之间的千差万别。

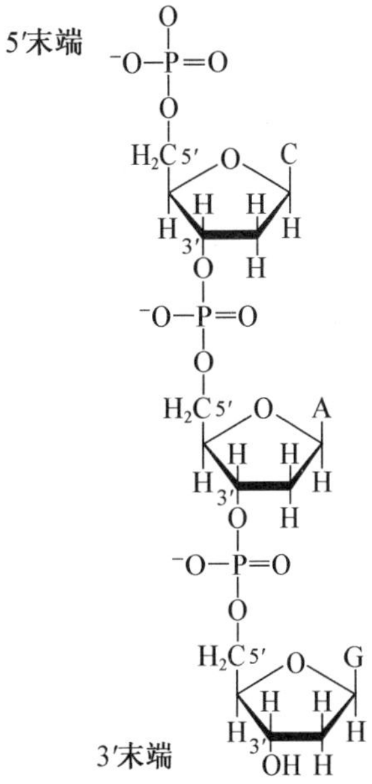

二、DNA 的二级结构——双螺旋结构模式

　　DNA 双螺旋结构是 DNA 二级结构的一种重要形式（图 3-6），它是 Watson 和 Crick 两位科学家于 1953 年提出来的一种结构模型。

　　双螺旋模型的要点如下：

图 3-5　核酸的一级结构

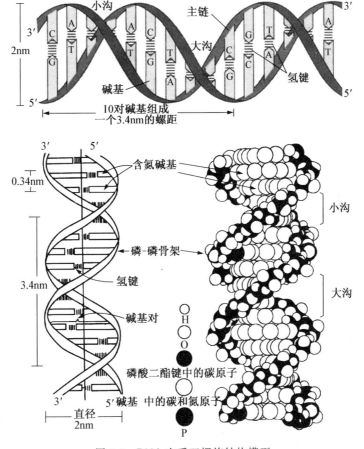

图 3-6　DNA 右手双螺旋结构模型

1. DNA 双螺旋结构模型

DNA 分子是由两条长度相同、方向相反的多聚脱氧核糖核苷酸链平行围绕同一"想象中"的中心轴形成的双股螺旋结构。两链均为右手螺旋。双螺旋表面存在着两条凹沟,与脱氧核糖—磷酸骨架平行。较深的沟称为大沟(major groove),较浅的称为小沟(minor groove)。这些沟状结构与蛋白质和 DNA 的识别及结合有关,通过这样的相互作用,实现对基因表达的调控。

2. 碱基配对

两条多核苷酸链中,脱氧核糖和磷酸形成的骨架作为主链位于螺旋外侧,而碱基朝向内侧。两链朝内的碱基间以氢键相连,使两链不至松散。碱基间的氢键形成有一定的规律:即腺嘌呤与胸腺嘧啶以 2 个氢键配对相连;鸟嘌呤与胞嘧啶以三个氢键相连(即 A═T,G≡C)(图 3-7)。这种碱基配对规律被称为"碱基互补规律"。这些配对的碱基一般处在同一个平面上,称碱基平面,它与双螺旋的长轴垂直。

正因为两链间的碱基是互补的,所以两链的核苷酸排列次序也是互补的,即两链互为互补链。当知道一条链的一级结构,另一条互补链也就被确定。

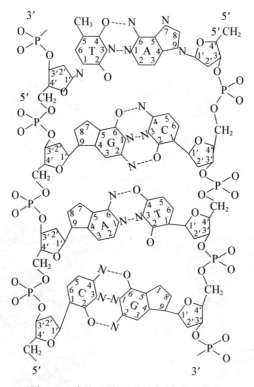

图 3-7　碱基互补配对及氢键形成规律

3. DNA 双螺旋结构很稳定

主要有三种作用力使 DNA 双螺旋结构维持稳定。一种作用力是互补碱基之间的氢键,但氢键并不是 DNA 双螺旋结构稳定的主要作用力,因为氢键的能量很小。DNA 分子中碱基的堆积可以使碱基缔合,这种力称为碱基堆积力,是使 DNA 双螺旋结构稳定的主要作用力。碱基堆积力是由于杂环碱基之间的相互作用所引起的。DNA 分子中碱基层层堆积,在 DNA 分子内部形成一个疏水核心。疏水核心内几乎没有游离的水分子,这更有利于互补碱基间形成氢键。第三种使 DNA 分子稳定的力是磷酸基的负电荷与介质中的阳离子的正电荷之间形成的离子键。所以,横向稳定主要依靠互补碱基间的氢键维系;而纵向稳定则主要靠碱基平面间的疏水性堆积力维系。

4. 稳定的双螺旋结构的参数

螺旋直径为 2nm,螺距为 3.4nm。螺旋每一周,包含了 10 个碱基(对),所以每个碱基平面之间的距离为 0.34nm,每个碱基的旋转度为 36°。

三、DNA 三级结构

DNA 在二级结构双螺旋的基础上,进一步扭曲、折叠,螺旋形成超螺旋的三级结构。螺旋变紧的称为正超螺旋,变松的称为负超螺旋。这是 DNA 三级结构的一种常见形式。

绝大多数原核生物的 DNA 都是共价封闭的环状双螺旋分子,它往往是裸露的而不与蛋白质结合。这种环状 DNA 再次螺旋化,形成超螺旋的致密结构容纳于细胞内(图 3-8)。

真核生物内,DNA 在细胞生活周期的大部分时间内是以染色质(chromatin)的形式存在。在细胞分裂期,光镜下可见染色体。染色质与染色体都是 DNA 的高级结构形式,并且基本上是同一物质,只不过是不同时期(一个是间期,一个是分裂期)的不同形态而已。它们的基本结构单位都是核小体(nucleosome)。

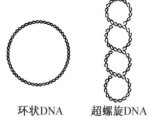

环状DNA　超螺旋DNA

图 3-8　环状 DNA 及其超螺旋

在真核生物中,双螺旋的 DNA 分子围绕一蛋白质八聚体进行盘绕,从而形成特殊的串珠状结构,称为核小体。核小体结构属于 DNA 的三级结构(图 3-9)。

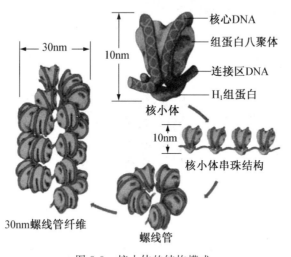

图 3-9　核小体的结构模式

核小体是染色质的基本结构单位。核小体的形成仅仅是 DNA 在细胞核内紧密压缩的第一步。核小体长链可进一步卷曲,H_1 组蛋白在内侧相互接触,形成直径为 30nm 的螺旋筒(solenoid)结构,组成染色质纤维。在形成染色单体时,螺旋筒再进一步卷曲、折叠,形成纤维状及襻状结构,最后形成棒状的染色体。其结果,使长度近一米的 DNA 双螺旋,被压缩 8000 多倍,成功地容纳在直径仅数微米的细胞核中(图 3-10)。

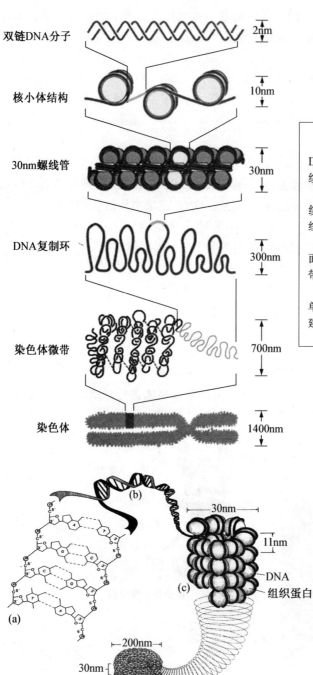

双链DNA分子 2nm

核小体结构 10nm

30nm螺线管 30nm

DNA复制环 300nm

染色体微带 700nm

染色体 1400nm

首先是直径 2nm 的双螺旋 DNA 与组蛋白八聚体构建成连续重复的核小体,其直径 10nm。

然后以 6 个核小体为单位盘绕成直径 30nm 的螺线管。由螺线管形成 DNA 复制环。

每 18 个复制环呈放射状平面排列,结合在核基质上形成微带(miniband)。

微带是染色体高级结构的单位,大约 106 个微带沿纵轴构建成子染色体。

(b)

(c) 30nm 11nm DNA 组织蛋白

(a)

(d) 200nm 30nm

(e)

图 3-10　染色体的形成过程

四、DNA 的功能

DNA 的基本功能是作为遗传信息的载体,为生物遗传信息复制以及基因信息的转录提供模板。DNA 分子中具有特定生物学功能的片段称为基因(gene)。一个生物体的全部 DNA 序列称为基因组(genome)。基因组的大小与生物的复杂性有关,如病毒 SV40 的基因组大小为 $5.1×10^3$ bp,大肠杆菌为 $5.7×10^6$ bp,人为 $3×10^9$ bp。

五、RNA 的种类和分子结构

RNA 通常以单链形式存在,但局部区域仍可卷曲形成双链螺旋结构,或称发夹结构 (hairpin structure)。双链部位的碱基一般也彼此形成氢键而互相配对,配对方式为:A—U 之间形成两个氢键配对,G—C 之间形成三个氢键配对。双链区那些不参加配对的碱基往往被排斥在双链外,形成环状突起。虽然也可以在局部形成双螺旋或三级结构,但总体上仍以单链为主。RNA 分子要比 DNA 小得多,一般由几十个或几千个核苷酸组成。其组成中含有较多的微量(稀有)碱基。RNA 的种类、大小、结构比 DNA 更具多样性,从而决定了 RNA 的功能也更具多样性。

真核生物 RNA 在核中合成,分布在胞浆中。它与蛋白质共同负责基因的表达和表达过程的调控。RNA 根据其作用与结构的不同,可分为下列三种。

（一）信使 RNA(messenger RNA, mRNA)

1. mRNA 生物学功能

mRNA 从 DNA 转录获得遗传信息后作为指导蛋白质合成的模板。它相当于传递信息的信使。

2. mRNA 分子结构特点

mRNA 占细胞内 RNA 总量的 $2\%\sim5\%$。mRNA 分子的长短决定了由它翻译出的蛋白质相对分子质量的大小,而其本身的大小是由其转录的模板 DNA 区段即基因的大小和种类所决定的。在各种 RNA 分子中,mRNA 的代谢活跃,更新迅速,半衰期最短,由几分钟到数小时不等,这是细胞内蛋白质合成速度的调控点之一。

3. mRNA 的加工成熟

真核生物 mRNA 在核内由 DNA 作为模板转录而成相对分子质量较大的不匀称核 RNA (hnRNA),需经过剪接加工即带帽、加尾、剪接后成为成熟 mRNA,再穿过核膜孔进入胞浆发挥其作用。

（二）转运 RNA(transfer RNA, tRNA)

1. tRNA 生物学功能

其功能是在蛋白质合成过程中,携带特定氨基酸,按照 mRNA 上的遗传密码的顺序将该特定的氨基酸运载到核糖体进行蛋白质的合成。

2. tRNA 分子结构特点

tRNA 是相对分子质量最小的核酸,约占细胞中 RNA 总量的 $10\%\sim15\%$,已知的 100 多种 tRNA 都仅由约 $74\sim95$ 个核苷酸组成。细胞内 tRNA 的种类很多,蛋白质合成需要 20 种基本氨基酸作原料,而每种氨基酸都至少有一种 tRNA 与其相对应。虽然各种 tRNA 的核苷

酸顺序不尽相同,但它们具有以下一些共同的特征:

(1)"三叶草"形的二级结构　tRNA 虽为单链,但其不同的片段之间可形成互补的双螺旋结构区,而非互补区则形成环状结构。所以 tRNA 分子的二级结构都有四个螺旋区,三个环及一个附加叉(又称额外环),形同"三叶草"形(图 3-11)。其 3′ 端都具有 3′-CCA—OH 的共同结构,游离羟基(—OH)可以与氨基酸形成酯键而结合,生成氨基酰-tRNA。因此,3′-CCA—OH末端又称氨基酸臂(柄),是携带氨基酸的具体部位。另外,tRNA 也是三种 RNA 中含稀有碱基最多的 RNA。

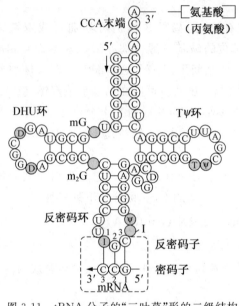

图 3-11　tRNA 分子的"三叶草"形的二级结构

(2) tRNA 的三级结构大多呈现倒"L"形　在倒"L"形结构中,氨基酸臂和 Tψ 环组成一个双螺旋,DHU 环和反密码环形成另一个近似联系的双螺旋,这两个双螺旋构成倒"L"的形状。连接氨基酸的 3′-末端远离与 mRNA 配对的反密码子,这个结构特点与它们在蛋白质合成中的作用相适应。

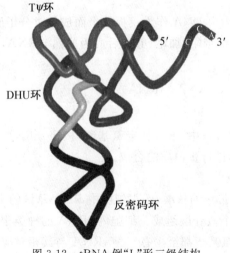

图 3-12　tRNA 倒"L"形三级结构

（三）核糖体 RNA(ribosomal RNA，rRNA)

1. rRNA 生物学功能

rRNA 可与多种蛋白质结合共同组成核糖体或称核蛋白体(ribosome)，作为体内蛋白质合成的具体场所，起了"装配台"的作用。

2. rRNA 分子结构特点

rRNA 约占 RNA 总量的 80%，是含量最多的一类 RNA。原核生物和真核生物的核蛋白体均由易于解聚的大、小两个亚基组成。平时两个亚基分别游离存在于细胞质中，在进行蛋白质合成时聚合成为核糖体，蛋白质合成结束后又重新解聚(图 3-13)。2 个亚基所含 rRNA 和蛋白质的数量与种类各不相同。组成核蛋白体的蛋白质有数十种，大多是相对分子质量不大的多肽类。原核细胞的核糖体中 rRNA 约占 2/3，蛋白质占 1/3，而在真核细胞中，它们各占 1/2。

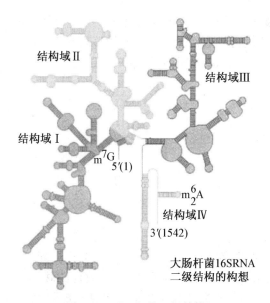

结构域 II

结构域 III

结构域 I

m^7G
5'(1)

m_2^6A

结构域 IV

3'(1542)

大肠杆菌16SRNA
二级结构的构想

图 3-13　rRNA 的二级结构

原核生物的 rRNA 共有 5S、16S、23S 三种(S 是大分子物质在超速离心沉降中的一个物理学单位，可间接反映分子量的大小)。其中 16S rRNA 与 20 多种蛋白质构成核蛋白体的小亚基；大亚基则由 5S 及 23S rRNA 再加上 30 余种蛋白质构成。

真核生物的核蛋白体小亚基由 18S rRNA 及 30 余种蛋白质构成；大亚基则由 5S、5.8S 及 28S 三种 rRNA 加上近 50 种蛋白质构成，见表 3-1。

表 3-1　原核及真核生物核糖体的组成

核　糖　体	亚单位	rRNA	蛋白质
原核生物(70S)	小亚基(30S)	16S rRNA	21 种
	大亚基(50S)	5S rRNA	31 种
		23S rRNA	

核　糖　体	亚单位	rRNA	蛋白质
真核生物(80S)	小亚基(40S)	18S rRNA	33 种
	大亚基(60S)	5S rRNA	49 种
		5.8S rRNA	
		28S rRNA	

六、核　酶

具有自身催化作用的 RNA 称为核酶(ribozyme),核酶通常具有特殊的分子结构,如锤头结构(图 3-14)。Cech 等研究原生动物四膜虫 rRNA 时,首次发现 rRNA 基因转录产物的Ⅰ型内含子剪切和外显子拼接过程可在无任何蛋白质存在的情况下发生,证明了 RNA 具有催化功能。核酶的功能很多,有的能够切割 RNA,有的能够切割 DNA,有些还具有 RNA 连接酶、磷酸酶等活性。与蛋白质酶相比,核酶的催化效率较低,是一种较为原始的催化酶。

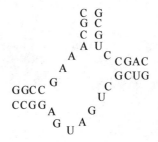

图 3-14　核酶的锤头结构

核酶能起作用的结构要求,至少含有 3 个茎(RNA 分子内配对形成的局部双链),1~3 个环(RNA 分子局部双链鼓出的单链)和至少有 13 个一致性的碱基位点。

核酶的发现就为设计 RNA 药物提供了机会。更具有现实意义的是,通过人工设计核酶,在科学研究上将目的核酸分子切成特异的片段,已得到广泛应用;在医学上,可以通过破坏病原微生物如一些 RNA 病毒,以及破坏某些致病基因或癌基因,从而达到治疗疾病的目的。但由于核酶具有不稳定性及切割效率低的缺点,要使其能够得到广泛应用,还需要进一步地加深对核酶的认识和研究。

［知识扩展］　核酶与医学治疗

核酶在抗肝炎病毒中的研究进展:Birikh 等用一条合成的寡脱氧核苷酸链而来的三个核酶同时进行实验,发现 HBVRNA 可被核酶介导切割,从同一 DNA 模板转录的 3 条核酶可同时发挥作用,多核酶的表达将有益于对抗高的病毒目标序列变异。

核酶在抗白血病中的研究进展:bcr-abl 融合基因编码的具有异常蛋白酪氨酸激酶活性的 p210 蛋白是导致慢粒细胞白血病(chronic myoloid leukemia, CML)发生的主要原因。Daley 等对 bcl-abc 融合基因 cDNA 序列,在融合位点的上游第-296bp,-1bp 及下游 15bp 处分别设计 3 个相邻的锤头状核酶基因及侧翼序列,用于核酶的相互连接。实验结果显示,以上 3 个核酶均可特异性结合于融合基因 mRNA 相应位点,给多步基因重组后,3 个单核酶按相应顺序定向克隆到 pDES 载体中,构建成功单核酶 pDES-RZ1、双核酶 pDES-RZ12 及三核酶切割载体 pDES-RZ123。三核酶的联合作用明显提高核酶切割效率,抑制了融合蛋白的激酶活性。

第三节　DNA 的理化性质及其应用

一、核酸的一般理化性质

核酸是生物大分子,DNA 相对分子质量约在 $1 \times 10^6 \sim 10^{10}$ 范围内。RNA 虽小些,但也在 1×10^4 以上。

(一)核酸的酸碱性质

核酸分子中含有酸性的磷酸基和碱性的含氮碱基,决定了核酸是两性化合物。因磷酸基酸性相对较强,所以核酸通常表现为酸性。核酸的等电点(pI)较低,酵母 RNA 在游离状态下的 pI 约在 pH2.0~2.8。在人体正常生理状态下,核酸一般带正电荷,且易与金属离子结合成可溶性的盐。

由于碱基对之间的氢键性质与其解离状态有关,而解离状态又与 pH 有关。所以,溶液的 pH 范围直接影响核酸双螺旋结构中碱基对间的稳定性。对于 DNA 的碱基对,在 pH4.0~11.0 之间最为稳定。超越此范围,DNA 将变性。

(二)核酸的溶解度与黏度

核酸都是极性化合物,都微溶于水,而不溶于乙醇、乙醚、氯仿等有机溶剂。核酸溶于 10% 左右的氯化钠溶液,但在 50% 左右的酒精溶液中溶解度很小,核酸的提取时常利用这些性质。

由于是高分子物质,其溶液黏度大。即使是极稀的 DNA 溶液,黏度也很大。而 RNA 分子比 DNA 分子短得多,呈无定形,不像 DNA 分子那样是纤维状,所以 RNA 的黏度较小。当 DNA 被加热或在其他因素作用下,其螺旋结构转为无规则线团结构时,其黏度大为降低。所以黏度变小,可作为 DNA 变性的指标。

(三)核酸的紫外吸收

核酸组成中含有嘌呤、嘧啶碱基,因为这些环状结构中带有共轭双键,使核酸也具有了强烈的紫外吸收性质,其最大吸收值在波长 260nm 处(常以 A_{260} 表示之)。利用这一性质,可鉴别核酸中的蛋白质杂质,也可对核酸进行定量测定。

总之,核酸具有酸性;黏度大;能吸收紫外光,最大吸收峰为 260nm。

二、DNA 的变性

在理化因素作用下,破坏 DNA 双螺旋稳定因素,使得两条互补链松散而分开成为单链,DNA 将失去原有空间结构从而导致 DNA 的理化性质及生物学性质发生改变,这种现象称为 DNA 的变性。

引起 DNA 变性的因素主要有:高温,强酸强碱,有机溶剂等。

DNA 变性后的性质改变:

① 增色效应:指 DNA 变性后对 260nm 紫外光的光吸收度增加的现象;

② 旋光性下降;

③ 黏度降低；

④ 生物学功能丧失或改变。

加热造成的变性称热变性，这是实验室最常用的
DNA 变性方法。DNA 的热变性是爆发性的，如同结晶
的熔解一样，只在很狭窄的温度范围之内完成。加热时，
DNA 双螺旋发生解链，如果在连续加热 DNA 的过程中
以温度对 OD_{260}（在波长 260nm 处的光吸收）的关系作
图，所得到的曲线称为解链曲线（图 3-15）。通常将解链
曲线的中点，即紫外吸收值达最大值的 50％时的温度称
为解链温度，又称为熔点（T_m）。在 T_m 时，DNA 分子中
50％的双螺旋结构被破坏。

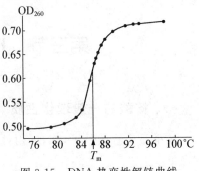

图 3-15　DNA 热变性解链曲线

DNA 的变性温度：加热 DNA 溶液，使其对 260nm 紫外光的吸收度突然增加，达到其最
大值一半时的温度，就是 DNA 的变性温度（融解温度，T_m）。

T_m 的高低取决于 DNA 中所含的碱基组成。G-C 碱基对越多，T_m 就越高，反之，A-T 对
越多，T_m 就越低。

三、DNA 的复性与分子杂交

DNA 的变性是可逆的。当去掉外界的变性因素，被解开的两条链又可重新互补结合，恢
复成原来完整的 DNA 双螺旋结构分子。这一过程称为 DNA 复性。如将热变性后的 DNA 溶
液缓慢冷却，在低于变性温度约 25～30℃的条件下保温一段时间（退火），则变性的两条单链
DNA 可以重新互补而形成原来的双螺旋结构并恢复原有的性质（图 3-16）。

两条来源不同的单链核酸（DNA 或 RNA），只要它们有大致相同的互补碱基顺序，经退火
处理即可复性，形成新的杂种双螺旋，这一现象称为核酸的分子杂交。

核酸杂交可以是 DNA-DNA，也可以是 DNA-RNA 杂交。不同来源的，具有大致相同互
补碱基顺序的核酸片段称为同源顺序。在核酸杂交分析过程中，常将已知顺序的核酸片段用
放射性同位素或生物素进行标记。这种带有一定标记的已知顺序的核酸片段称为探针
（probe）。

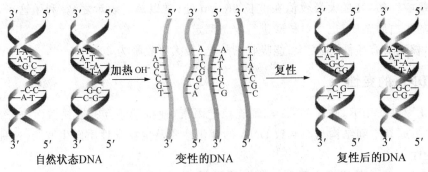

图 3-16　DNA 热变性及复性示意图

第四章

酶

第一节　酶是生物催化剂

一、酶的生物学意义

生命与非生命最根本的区别就是生命中存在着新陈代谢。新陈代谢是由成千上万个错综复杂的化学反应构成，表现出极高的有序性。如果让其在生物体外进行，反应速率极慢，几乎达到不能觉察的程度，或在极其剧烈的反应条件才能进行，如：用酸作催化剂水解淀粉成葡萄糖，需耐受 245～294kPa 的压力和 140～150℃ 的高温及强酸才能完成。但在细胞内，这些化学反应可在极短的瞬间，并且是在温和的条件下达到化学反应的平衡。这是因为生物体内含有一种高效生物催化剂——酶。

目前定义酶的概念：酶是生物体活细胞产生的具有特殊催化活性和特定空间构象的生物大分子，包括蛋白质及核酸，又称为生物催化剂。绝大多数酶是蛋白质，少数是核酸 RNA，后者称为核酶。本章主要讨论以蛋白质为本质的酶。

[知识扩展]　酶与医学

酶研究的成果为催化理论、催化剂的设计、药物的设计、疾病的诊断和治疗以及遗传和变异、工业生产等广泛领域提供了理论依据及实践应用。如用天门冬酰胺酶来治疗白血病；用多酶片(蛋白酶、脂肪酶、淀粉酶等)帮助消化吸收；用链激酶、尿激酶、葡激酶、纳豆激酶等清除血凝块；用溶菌酶防腐；而脂肪酶、纤维素酶、蛋白酶等可作为洗涤剂用酶，在基因工程操作中也涉及许多工具酶如内切酶、连接酶、多聚酶、修饰酶等。

二、酶作用的特点

酶作为催化剂，它具有一般催化剂的共同性质。

1. 只能催化热力学上允许进行的反应，对于可逆反应，酶只能缩短反应达到平衡的时间，但不改变平衡常数。

2. 酶也是通过降低化学反应的活化能来加快反应速度。

3. 酶在反应中用量很少,反应前后数量、性质不变。

但由于酶的本质是生物大分子如蛋白质,因而,它又具有另外一些有别于一般催化剂的特殊的性质,这些性质主要表现在以下几方面:

(一) 高度的催化效率

在相同条件下,酶的存在可以使一个反应的反应速率大大加快。一般情况下,由酶催化的反应速率比相应的非催化反应速率快 $10^6 \sim 10^{12}$ 倍。

酶促反应具有极高的效率是因为酶通过其特有的作用机制,比一般催化剂更有效地降低反应的活化能,使底物只需较少的能量便可进入活化状态(图 4-1)。

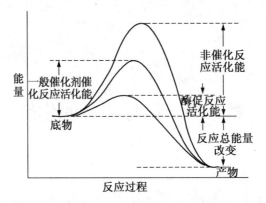

图 4-1 催化过程和非催化过程自由能的变化

如:尿素的水解反应在 H^+ 催化作用下反应温度为 62℃,反应速度常数为 7.4×10^{-7},而脲酶催化作用下反应温度为 21℃,反应速度常数为 5.0×10^6;α-胰凝乳蛋白酶对苯酰胺的水解速度是 H^+ 催化作用的 6×10^6 倍,且不需要较高的温度。可见酶具有极高的催化效率。

(二) 高度的作用专一性

酶催化反应的专一性或称酶作用的专一性,是指酶对作用的反应物,在此称为底物(substrate, S)的严格要求,其中还包括催化底物发生反应的类型和方式。一种酶只能催化某一种或某一类特定的底物,发生某种特定类型的化学反应。不同的酶其专一性的程度颇不相同,有的只作用于一种底物;有的作用于某一种化学键;有的只作用于底物的几种异构体中的一种。

1. 绝对特异性

一种酶对应一种底物、一个反应称为绝对特异性。如尿酶仅能催化尿素水解产生 CO_2 和 NH_3。

2. 相对特异性

一种酶只能作用于一类化合物或一种化学键,催化一类化学反应,称为相对特异性。如脂肪酶不仅水解脂肪,也对简单的酯有水解作用。

3. 立体异构特异性

一种酶只能作用于某种底物的一种立体异构体,或只能生成一种立体异构体,称为立体异构特异性。例如,乳酸脱氢酶仅催化 L-乳酸脱氢产生丙酮酸,对 D-乳酸则无反应(图 4-2)。

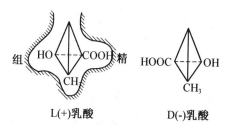

$L(+)$乳酸　　　　　　$D(-)$乳酸

图 4-2 乳酸脱氢酶对底物的立体结构专一性

（三）酶活性对反应条件具有高度敏感性

酶的化学本质是蛋白质，所有能使蛋白质发生变性的理化因素，均能导致酶的失活。因此，它所参与的反应都是在比较温和的条件下进行的，如比较低的温度，接近于中性的 pH 值、常压等。反应条件如果发生较剧烈变化，或反应体系中缺少激动剂或受抑制剂的污染，都将引起酶活性的显著改变，甚而失去其全部催化活性。

（四）催化活性可被调节控制

酶的作用无论是在体内或体外，都是可以调节控制的。酶的这一特性是保证生命有机体维持正常的代谢速率，以适应生理活动需要的根本前提。调节酶活性的方式很多，诸如变构调节、共价修饰调节、酶生物合成的诱导和阻遏等等。

三、酶的分类和命名

1961 年国际酶学委员会提出了对酶进行命名和分类。根据酶催化作用类型，把酶分成 6 大类：

（1）氧化还原酶类，约 570 种　　$RH + R'(O_2) \Longrightarrow R + R'H(H_2O)$

（2）转移酶类，约 490 种　　$RG + R' \Longrightarrow R + R'G$

（3）水解酶类，约 560 种　　$RR' + H_2O \Longrightarrow RH + R'OH$

（4）裂合酶类（解合酶类），约 240 种　　$RR' \Longrightarrow R + R'$

（5）异构酶类，约 85 种　　$R \Longrightarrow R'$

（6）合成酶类（连接酶类），约 80 种　　$R + R' + ATP \Longrightarrow RR' + ADP(AMP) + Pi(PPi)$

各大类再分亚类，亚亚类。

第二节　酶分子结构与催化活性

一、酶按其分子组成分类

1. 单纯酶（simple enzyme）

仅由氨基酸残基构成的酶，如一些蛋白酶、淀粉酶、脲酶等。

2. 结合酶（conjugated enzyme）

由蛋白部分（酶蛋白，apoenzyme）和非蛋白部分（辅助因子，cofactor）组成。

辅助因子可以是金属离子或小分子有机化合物。其中酶蛋白部分决定了酶的专一性，而辅助因子决定酶催化的类型。辅酶（coenzyme）：与酶蛋白结合疏松的酶辅助因子，可以用透析或超滤的方法除去。辅基（prosthetic group）：与酶蛋白结合紧密的辅助因子，用透析或超滤的方法不易除去。

二、酶的辅助因子

(一)金属辅助因子的作用

大多数酶含有金属离子。作为辅助因子的金属离子有 K^+、Na^+、Mg^{2+}、Ca^{2+}、Zn^{2+}、Fe^{2+}（Fe^{3+}）等。按金属离子与酶分子结合紧密强度不同可将含金属的酶分为金属酶和金属激活酶。金属酶(metalloenzyme)是指金属离子与酶结合紧密,提取过程中不易丢失,如羧基肽酶（Zn^{2+}）、谷胱甘肽过氧化物酶（Se^{2-}）、碱性磷酸酶（$Mg2^+$）等。金属酶中金属离子与酶结合相当牢固,而且加入游离金属离子后其活性不会增加。有的金属离子不与酶直接结合,但为酶活性所必需,这类酶称为金属激活酶(metal activated enzyme)。如丙酮酸羧化酶可被 Mn^{2+} 激活,柠檬酸合酶可被 K^+ 激活等。金属离子作为辅助因子的作用机理如下(见图 4-3)：

(1)作为酶活性中心的催化基团参与催化反应、传递电子；

(2)作为连接酶与底物的桥梁,便于酶对底物起作用；

(3)稳定酶的构象所必需；

(4)中和阴离子,降低反应中的静电斥力。

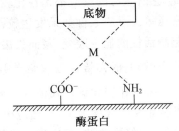

图 4-3　金属离子在酶催化反应中的作用示意图

(二)维生素

维生素是指一类维持细胞正常功能所必需的,但在生物体内不能自身合成而必须由食物供给的小分子有机化合物。维生素可按其溶解性的不同分为脂溶性维生素和水溶性维生素两大类。脂溶性维生素有维生素 A、维生素 D、维生素 E 和维生素 K 四种。水溶性维生素有维生素 B_1、维生素 B_2、维生素 PP、维生素 B_6、维生素 B_{12}、维生素 C、泛酸、生物素、叶酸等。维生素 C 主要参与机体的氧化还原反应,而 B 族维生素多为酶的辅酶或辅基,参与机体的代谢。当某种维生素缺乏,将导致相应的代谢障碍,呈现出特定的病理变化和临床症状。

维生素作为辅酶与辅基的生理作用主要是：运载氢原子或电子,参与氧化还原反应；运载反应基团,如酰基、氨基、烷基、羧基及一碳单位等,参与基团转移。

1. TPP

焦磷酸硫胺素(TPP)(图 4-4),由硫胺素(Vit B_1)焦磷酸化而生成,是脱羧酶的辅酶,在体内参与糖代谢过程中 α-酮酸的氧化脱羧反应。

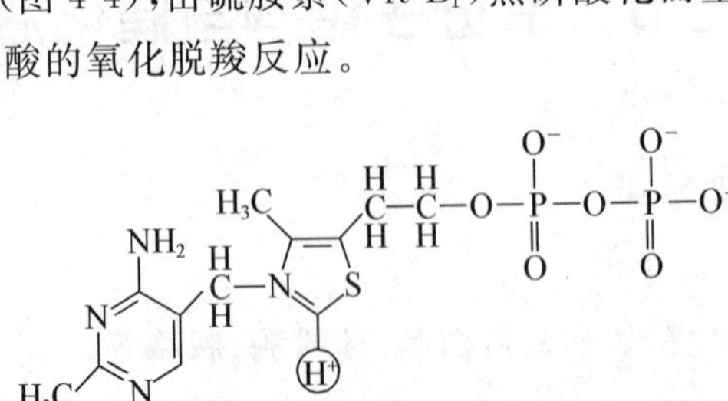

图 4-4　维生素 B_1 的活性形式焦磷酸硫胺素 TPP 的结构式

2. FMN 和 FAD

黄素单核苷酸(FMN)和黄素腺嘌呤二核苷酸(FAD),是核黄素(Vit B_2)的衍生物(图 4-5)。其辅基 FMN 或 FAD 在酶促反应中作为递氢体(双递氢体)。

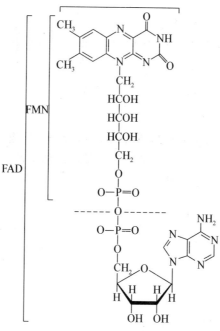

图 4-5　FMN,FAD 的结构式

3. NAD⁺ 和 NADP⁺

尼克酰胺腺嘌呤二核苷酸(NAD^+,辅酶Ⅰ)和尼克酰胺腺嘌呤二核苷酸磷酸($NADP^+$,辅酶Ⅱ)是维生素 PP 的衍生物(图 4-6)。在体内,由尼克酰胺参与构成的两种辅酶均有氧化型(NAD^+,$NADP^+$)和还原型($NADH+H^+$,$NADPH+H^+$)两种形式。它们作为脱氢酶的辅酶,在酶促反应中起递氢体的作用,为单递氢体(图 4-7)。

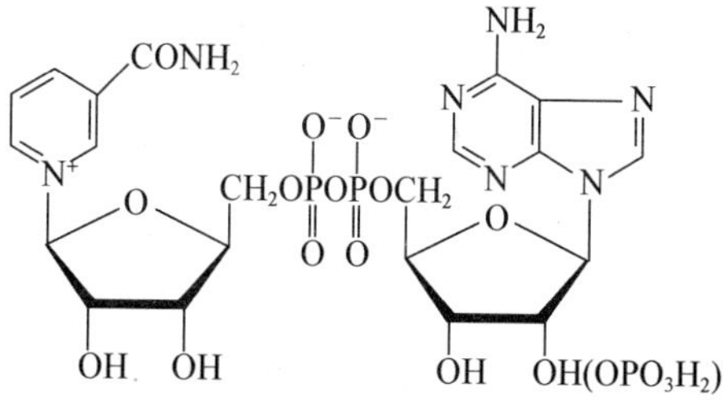

图 4-6　NAD(NADP)的结构式

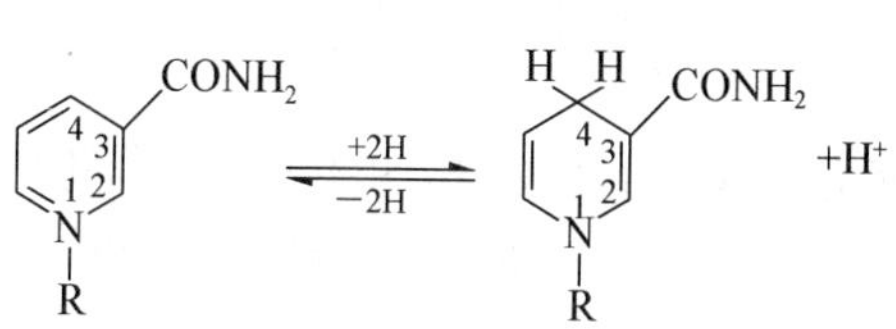

图 4-7　尼克酰胺上氢的传递

4. 磷酸吡哆醛和磷酸吡哆胺

磷酸吡哆醛和磷酸吡哆胺是维生素 B_6 的衍生物,维生素 B_6 包括吡哆醇、吡哆醛和吡哆胺等三种形式(图 4-8)。磷酸吡哆醛和磷酸吡哆胺可作为氨基转移酶、氨基酸脱羧酶、半胱氨酸脱硫酶等的辅酶。

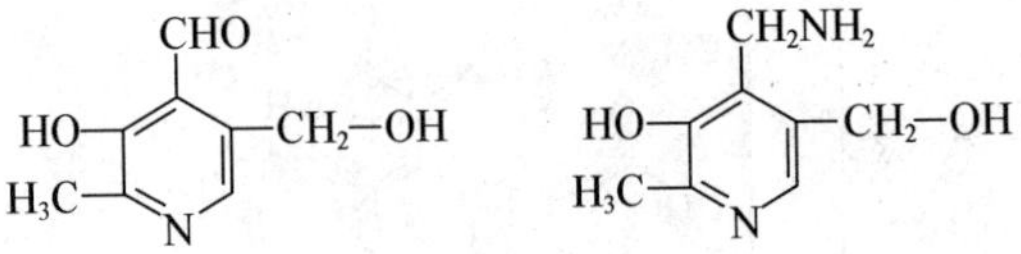

图 4-8　吡哆醛、吡哆胺的分子结构

5. CoA

泛酸(遍多酸)在体内参与构成辅酶 A(CoA),后者的结构成分为 $3'$-磷酸腺苷-$5'$-焦磷酸-泛酸-β-巯基乙胺(图 4-9)。CoA 中的巯基可与酰基以高能硫酯键结合,在糖、脂、蛋白质代谢中起传递酰基的作用,因此 CoA 是酰化酶的辅酶。

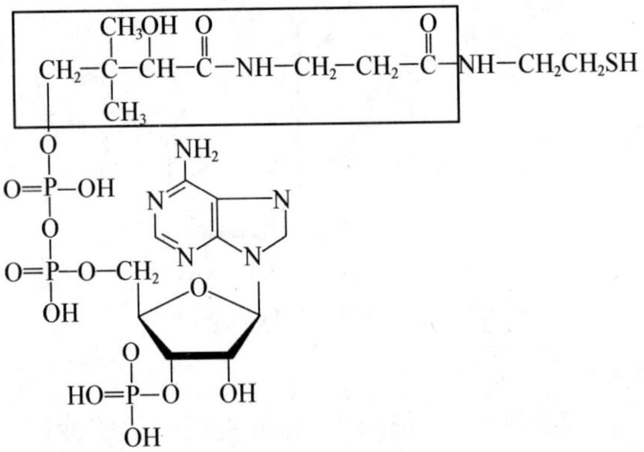

图 4-9　辅酶 A 结构

6. 生物素

生物素是噻吩与尿素相结合的骈环化合物,带有戊酸侧链,有 α,β 两种异构体(图 4-10)。生物素是羧化酶的辅基,在体内参与 CO_2 的固定和羧化反应。

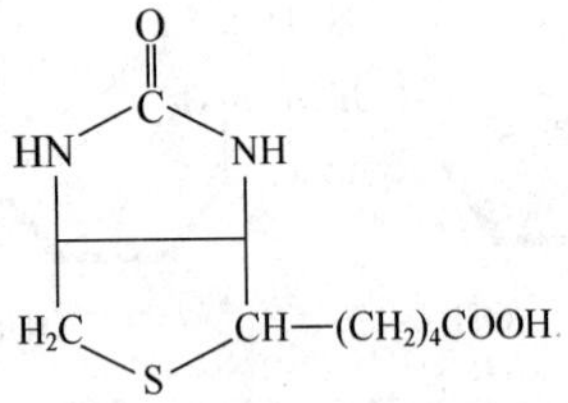

图 4-10　生物素结构

7. 四氢叶酸

四氢叶酸(FH_4)由叶酸衍生而来(图 4-11,图 4-12)。四氢叶酸是体内一碳单位基团转移酶系统中的辅酶,其 N_5 和 N_{10} 原子与一碳单位基团结合,与嘌呤和嘧啶的合成有关。

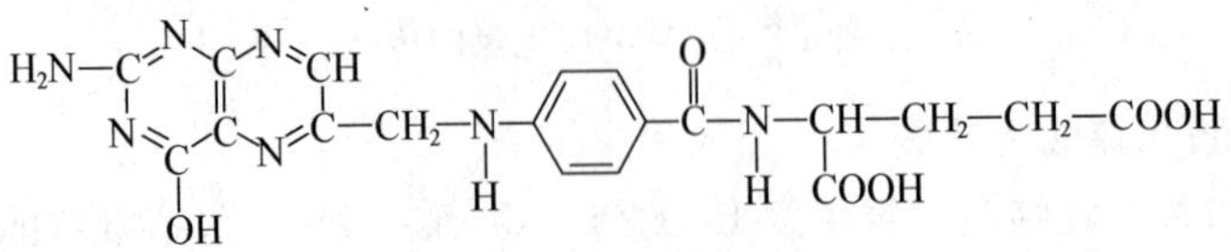

图 4-11　叶酸的结构

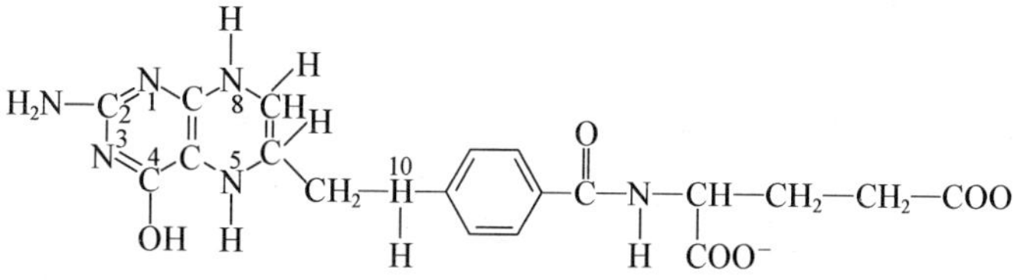

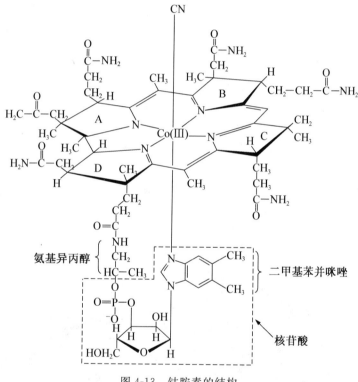

图 4-12　四氢叶酸的结构

8. 维生素 B_{12} 的衍生物

维生素 B_{12} 分子中含金属元素钴,故又称为钴胺素(图 4-13)。维生素 B_{12} 在体内有多种活性形式。其中,5′-脱氧腺苷钴胺素是体内的主要形式,它可参与构成多种变位酶的辅酶,甲基钴胺素则是甲基转移酶的辅酶,与胆碱等的合成有关。

图 4-13　钴胺素的结构

三、酶的活性中心和必需基团

酶分子中存在的各种化学基团并不一定都直接与酶活性相关,将那些与酶的催化活性直接相关的基团分为三类:

1. 必需基团(essential group)

酶分子中与酶活性密切相关的基团。

2. 活性中心(active center)内的必需基团

在空间结构上彼此靠近,组成具有特定空间结构的区域,能与底物特异地结合并将底物转化为产物(图 4-14)。

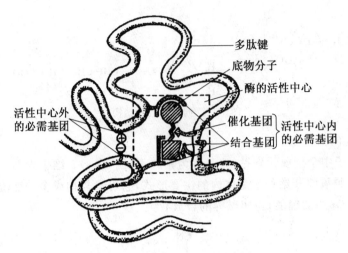

图 4-14　酶的活性中心示意图

3. 酶活性中心外的必需基团

维持酶活性中心的空间构象的必需基团。

溶菌酶的活性中心的作用示意图，见 4-15。

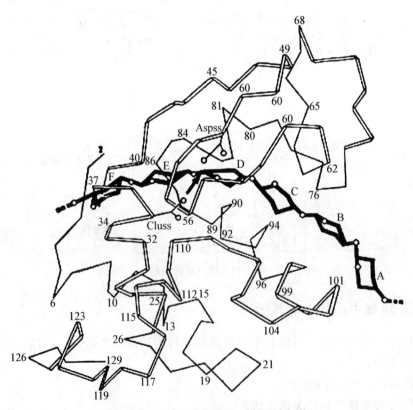

图 4-15　溶菌酶的活性中心作用示意图

酶活性中心内的必需基团组成有两种：一是结合基团（binding group），其作用是与底物相结合，生成酶—底物复合物；另一个是催化基团（catalytic group），其作用是影响底物分子中某些化学键的稳定性,催化底物发生化学反应并促进底物转变成产物。这两方面的功能可由不同的必需基团来承担,也有一些必需基团同时具有这两方面的功能。

四、酶的作用机制——催化反应的中间产物学说

长时期来,生物化学家们用中间产物学说(intermediate theory)来解释酶降低化学反应活化能,加快反应速率的原因。该学说认为,在酶促化学反应中,底物先与酶结合形成暂时的、不稳定的中间复合物(ES),然后再分解释放出产物和酶。该过程经典的反应式是:

$$S + E \Longleftrightarrow ES \longrightarrow E + P$$

当底物和酶互补结合形成过渡态中间复合物时,释放出一部分结合能,这部分能量的释放,使过渡态 ES 复合物处于比 E 和 S 低的能阶,从而使整个反应的活化能降低,加快了化学反应速率。

ES 中间物的形成是酶促反应过程中的关键性步骤。因为只有在酶与底物结合的前提下,与底物之间就能产生所谓邻近效应,酶活性中心的必需基团就可对底物分子发挥各种催化作用(图 4-16)。

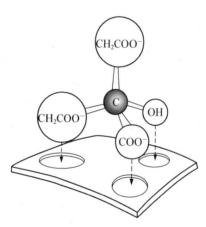

图 4-16　酶和底物的三点结合

抗体酶(abzyme):是一类新的模拟酶。抗体酶的设计主要以过渡态理论和免疫学原理为依据。因为酶与底物及抗体与抗原的结合均具有高亲和力和空间结构及电荷分布上的互补特性。但酶是与高能的激活状态,即过渡态底物结合;而抗体结合的是低能的抗原分子。因而在正常情况下,抗体不具备催化活性。据此,如果利用某一反应过渡态的模拟物作为免疫原,对动物进行免疫,应会产生催化该反应的抗体。过渡态模拟物在结构上是稳定的,可利用化学手段加以合成(图 4-17)。

图 4-17　诱导法制备抗体酶示意图

五、使酶具有高催化效率的因素

酶之所以能够加大降低反应的活化能,提高反应速度,是因为酶与底物之间发生着特殊的

相互作用。

(一) 邻近效应与定向效应

由于化学反应速率与反应物浓度成正比,若在反应体系的某一局部区域,反应物浓度增高,反应速率也随之增高。邻近效应(approximation effect)是指酶由于具有与底物较高的亲和力,从而使游离的底物集中于酶分子表面的活性中心区域,使活性中心的底物有效浓度得以极大的提高,并同时使反应基团之间互相靠近,增加亲核攻击的机会,从而自由碰撞几率增加,提高了反应速度。在生理条件下,底物浓度一般约为 0.001mol/L,而酶活性中心的底物浓度达 100mol/L,因此在活性中心区域反应速度必然大为提高(图 4-18)。

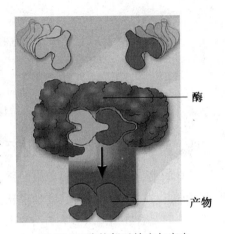

图 4-18　酶的邻近效应与定向效应示意图

(二) 底物的形变与诱导契合

当酶分子与底物分子接近时,酶蛋白受底物分子的诱导,其构象会发生适合于与底物结合的变化。也就是说,酶与底物结合的活性中心构象并非完全是刚性不变的,它在一定条件下呈现部分可变的"柔性"。在后来的研究中证明,许多酶在催化反应中确实发生了构象变化。原因是由于酶的活性中心关键性电荷基团可使底物分子电子云密度改变,产生张力作用使底物扭曲,削弱有关的化学键,从而使底物从基态转变成过渡态,有利于反应进行,如 X-射线晶体衍射证明,溶菌酶与底物结合后,底物中的乙酰氨基葡糖中吡喃环可从"椅式"扭曲成"沙发"式,导致糖苷键断裂,实现溶菌酶的催化作用(图 4-19)。

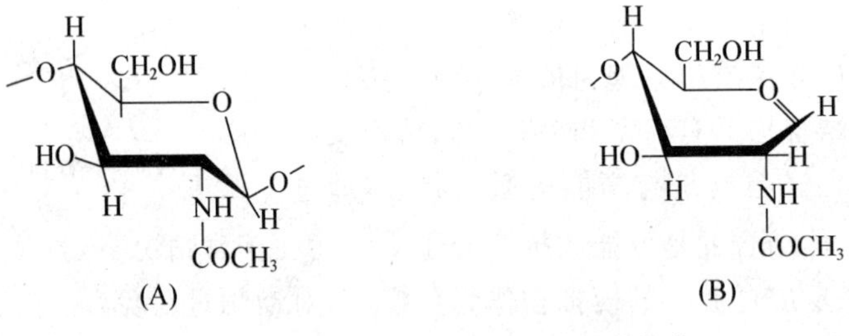

图 4-19　乙酰葡糖胺残基中吡喃环的扭曲
(A)"椅式";(B)"沙发"式

(三) 酸碱催化

酸碱催化在酶反应中主要是广义的酸碱催化(general acid-base catalysis),是指质子供体和质子受体的催化。很多酶活性中心存在酸性或碱性氨基酸残基,例如羧基、氨基、胍基、巯基、酚羟基和咪唑基等,它们在近中性 pH 范围内,可作为催化性质的质子受体或质子供体,有效地进行酸碱催化。

(四) 共价催化

共价催化可分为亲核或亲电子催化,催化时,酶作为亲核催化剂或亲电子催化剂能分别放出电子或汲取电子并作用于底物的缺电子中心或负电中心,迅速形成不稳定的反应活性很高的共价络合物,降低反应活化自由能。亲电子催化是由亲电子基团起催化反应。亲电子基团包括一个可以接受电子对的原子,是亲核反应的逆过程。酶蛋白中酪氨酸的羟基及—NH_3^+基等均属于亲电子基团。

第三节　酶促反应动力学

在酶反应中,反映酶作用的效率或酶的量,都以酶活性来表示。酶活性:指酶催化化学反应的能力。其衡量标准是酶促反应的速度。酶促反应的速度:在适宜条件下,单位时间内底物的消耗或产物的生成量。测定酶活力一般在酶催化的底物 5% 转化为产物,这段时间称为酶反应的初速度阶段。根据酶反应动力学基本原理,反应初速率与酶浓度成正比,即 $v = K[E]$。这是定量测定酶浓度的理论基础。

酶促反应动力学是研究酶催化反应的速率变化规律,提出从底物到产物之间可能进行的历程,是对酶的作用进行定量的描述,获得可靠的定量结果。影响酶促反应速度的因素主要包括酶的浓度、底物的浓度、pH、温度、抑制剂和激活剂等。酶促反应动力学遵循化学反应动力学一般规律,但又有其自身特点,通过建立模式和动力学方程,可以较为准确地反映酶促反应的规律。

一、底物浓度对酶反应速度的影响

(一)米氏方程

实验发现,许多酶催化反应,若其他条件保持恒定,反应速率(v)取决于酶浓度($[E]$)和底物浓度($[S]$)。如果$[E]$保持不变,当改变$[S]$时,v呈现复杂的变化过程。反应方程如下:

$$E + S \underset{k_{-1}}{\overset{k_{+1}}{\rightleftharpoons}} ES \xrightarrow{k_{+2}} E + P$$

如在一定$[E]$下,将$[S]$与v作图,呈现双曲线。

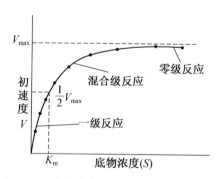

图 4-20　底物浓度对酶促反应速度的影响

从图 4-20 所见,在$[S]$较低时,v与$[S]$之间成正比关系,表现为一级反应。随着$[S]$的增加,v不再按正比关系增加,而表现为混合级反应。当$[S]$达到一定值后,若再增加$[S]$,v将趋于恒定,不再受$[S]$的影响,曲线表现为零级反应。

根据酶反应的中间产物学说,底物浓度对反应速率的影响可设想为:当底物浓度较低时,酶的活性中心没有全部与底物结合,反应速率随着底物浓度的增加而增加。当底物浓度加大到可占据全部酶的活性中心时,反应速率达到最大值,即酶活性中心被底物所饱和。此时如继续增加底物浓度,不会使反应速率再增加。

针对$[S]-v$的这种特征性关系,并归纳出能合理解释底物浓度与反应速率间的定量关系的数学式,后人称之为米氏方程:

$$v=\frac{V_{max}[S]}{K_m+[S]}$$

式中:v为反应速率,V_{max}为最大反应速率,$[S]$为底物浓度,K_m称米氏常数。

K_m与V_{max}的意义:

(1)K_m值等于酶促反应速度为最大反应速度一半时的底物浓度。单位为摩尔/升(mol/L)。K_m是酶极为重要的动力学参数,其物理含义是指ES复合物消失速度$(k_{-1}+K_{+2})$与形成速度(k_{+1})之比,其数值为酶促反应达到最大反应速度一半时的底物浓度,即当$v=\frac{V_{max}}{2}$时,$[S]=K_m$。当pH、温度、离子强度不变时,K_m是恒定的。对于大多数酶来说,K_m值在$10^{-1}\sim10^{-11}$mol·L^{-1}范围内。

(2)K_m值可用来表示酶对底物的亲和力。鉴别酶的最适底物:同一种酶有几个底物,就有几个K_m,K_m值的大小,可以近似地表示酶和底物亲和力,从K_m的物理含义可以看出,K_m值大,意味着酶和底物亲和力小,反之则大。因此,对于一个专一性较低的酶,作用于多种底物时,各底物与该酶的K_m值则有差异,具有最小的K_m就是该酶的最适底物或称天然底物。

(3)K_m值是酶的特征性常数之一,只与酶的结构、酶所催化的底物和反映环境有关,与酶的浓度无关。

(4)V_{max}是酶完全被底物饱和时的反应速度,与酶浓度呈正比。V_{max}虽不是酶的特征常数,但当酶浓度一定,而且当$[S]>[E_0]$的假定条件下,对酶的特定底物而言,V_{max}是一定的。

[知识扩展] 药用酶筛选的应用

为了鉴定不同菌株来源的天冬酰胺酶对治疗白血病的疗效,可以测定不同菌株的天冬酰胺酶对天冬酰胺的K_m值,从中选用K_m值较小的酶,因此这不仅是评价药用酶的理论基础之一,也是选用药用酶来源的依据。

(二)K_m和V_{max}的求取

为了求得准确的K_m值和V_{max}值,把米氏方程的形式加以改变,使它成为相当于$y=ax+b$的直线方程,然后用图解法求之,由作图的直线斜率、截距求得K_m值和V_{max}值,常用Lineweaver-Burk作图法(双倒数作图法)。

将米氏常数各项作倒数处理,得:

$$\frac{1}{v}=\frac{K_m}{V_{max}}\cdot\frac{1}{[S]}+\frac{1}{V_{max}}$$

根据方程,以$\frac{1}{v}$为纵坐标,以$\frac{1}{[S]}$为横坐标作,所得直线在$\frac{1}{v}$轴上截距为$\frac{1}{V_{max}}$,在$\frac{1}{[S]}$轴上截距为$-\frac{1}{K_m}$,斜率为$\frac{K_m}{V_{max}}$,由此可方便地求得K_m值和V_{max}值(图4-23)。此作图法的两个座

标分别是[S]和 v 的倒数,故又称为双倒数作图法。

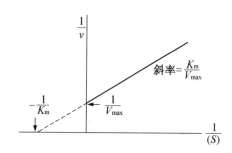

图 4-21　Lineweaver-Bark 作图法(双倒数作图法)

二、酶浓度对酶促反应速度的影响

在一定温度和 pH 下,酶促反应在底物浓度大大超过酶浓度时,反应达到最大反应速度,此时增加酶的浓度可增加反应速度,即酶促反应速度速度与酶的浓度呈正比。酶浓度对速度的影响机理:酶浓度增加,[ES]也增加,而 $V_0 = k_3[ES]$,故反应速度增加(图 4-22)。

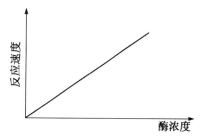

图 4-22　酶浓度对酶促反应速度的影响

三、pH 对酶反应的影响

观察 pH 对酶促反应速度的影响,通常为一"钟形"曲线,即 pH 过高或过低均可导致酶催化活性的下降(图 4-23)。酶催化活性最高时溶液的 pH 值就称为酶的最适 pH。

pH 对酶活性的影响主要有下列几个方面:

(1)极强的酸或碱可以使酶的空间结构破坏,引起酶变性;

(2)酸或碱影响酶活性中心催化基团的解离状态,使底物不能分解成产物;

(3)酸或碱影响酶活性中心结合基团的解离状态,使底物不能与它结合;

(4)酸或碱影响底物和辅酶功能基团的解离状态。

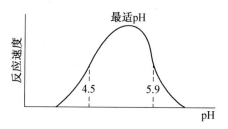

图 4-23　pH 值对某些酶活性影响

四、温度对酶反应的影响

酶是生物催化剂,温度对酶促反应速度具有双重影响(图 4-24)。升高温度一方面可加快酶促反应速度,同时也增加酶的变性。综合这两种因素,酶促反应速度最快时的环境温度称为酶促反应的最适温度(optimum temperature)。

动物组织中提取的酶,最适温度在 $35 \sim 40 \, ^\circ\!C$ 之间,植物酶最适温度一般在 $40 \sim 50 \, ^\circ\!C$ 之间,一些细菌酶如 Taq DNA 聚合酶的最适温度可达 $70 \, ^\circ\!C$。可以说,除少数酶外,大部分酶在 $60 \, ^\circ\!C$ 以上时,即发生变性失活。

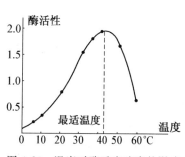

图 4-24　温度对酶反应速度的影响

五、激活剂对反应速度的影响

使酶由无活性变为有活性或使酶活性增加的物质称为酶的激活剂（activator）。激活剂大多是金属离子，如 Mg^{2+}、K^+、Mn^{2+} 等；少数为阴离子，如 Cl^- 等；还有许多有机化合物激活剂，如胆汁酸盐等。

激活剂作用机理有以下几个方面：

（1）与酶分子氨基酸侧链基团结合，稳定酶分子催化基团的空间结构。

（2）作为底物或辅助因子与酶蛋白之间的桥梁。

（3）作为辅助因子的组成成分协助酶的催化反应。

激活剂的作用是相对的，一种试剂对某种酶是激活剂，对另种酶可能是抑制剂。不同浓度的激活剂对酶活性的影响也不同。

六、抑制剂对反应速度的影响

酶分子中的必需基团在某些化学物质的作用下发生改变，引起酶活性的降低或丧失称为抑制作用（inhibition）。能对酶起抑制作用的称为抑制剂（inhibitor）。按照抑制剂的抑制作用，可将其分为不可逆抑制作用（irreversible inhibition）和可逆抑制作用（reversible inhibition）两大类。

（一）不可逆抑制作用

抑制剂与酶分子的必需基团共价结合引起酶活性的抑制，且不能采用透析等简单方法使酶活性恢复的抑制作用就是不可逆抑制作用。

酶的不可逆抑制作用包括专一性抑制（如有机磷农药对胆碱酯酶的抑制）和非专一性抑制（如路易士气对巯基酶的抑制）两种。

（二）可逆抑制作用

抑制剂以非共价键与酶分子可逆性结合造成酶活性的抑制，且可采用透析等简单方法去除抑制剂而使酶活性完全恢复的抑制作用就是可逆抑制作用。

可逆抑制作用包括竞争性、反竞争性和非竞争性抑制几种类型。

1. 竞争性抑制

抑制剂与底物竞争与酶的同一活性中心结合，从而干扰了酶与底物的结合，使酶的催化活性降低，称为竞争性抑制作用（图 4-25）。

竞争性抑制作用的反应方程：

$$E + S \underset{k_{-1}}{\overset{k_{+1}}{\rightleftharpoons}} ES \overset{k_{+2}}{\longrightarrow} E + P$$

$$+$$
$$I$$
$$k_{+3} \big\updownarrow k_{-3}$$
$$EI$$

竞争性抑制的特点：

（1）竞争性抑制剂往往是酶的底物类似物或反

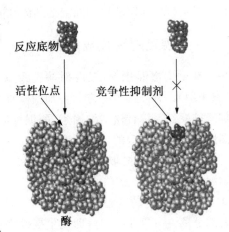

反应底物

活性位点　　　　竞争性抑制剂

酶

图 4-25　竞争性抑制作用示意图

应产物；

（2）抑制剂与酶的结合部位和底物与酶的结合部位相同；

（3）抑制剂浓度越大，则抑制作用越大；但增加底物浓度可使抑制程度减小；

（4）动力学参数：K_m 值增大，V_m 值不变。

[知识扩展]　磺胺类药物的作用机理

对氨基苯磺酰胺与对二氢叶酸（FH_2）合成酶的竞争抑制作用：对氨基苯磺酰胺是氨基苯甲酸的结构类似物，因而与其竞争，抑制了二氢叶酸合成酶，影响二氢叶酸的合成，从而抑制细菌的生长繁殖，达到抗菌消炎治疗疾病的目的。

$$H_2N—\text{〔苯环〕}—SO_2NH_2$$

对氨基苯磺酰胺

$$H_2N—\text{〔苯环〕}—COOH$$

对氨基苯甲酸

$$\begin{array}{c} \text{Glu} \\ + \\ H_2N—\text{〔苯环〕}—COOH \\ \text{PABA} \\ + \\ \text{二氢蝶呤} \end{array} \xrightarrow[\ominus]{FH_2\text{合成酶}} FH_2 \xrightarrow[\ominus]{FH_2\text{还原酶}} FH_4(\text{四氢叶酸})$$

$$H_2N—\text{〔苯环〕}—SO_2NHR$$
磺胺药

氨甲蝶呤

对氨基苯磺酰胺与对二氢叶酸合成酶的竞争抑制作用

2. 非竞争性抑制

抑制剂既可以与游离酶结合，也可以与 ES 复合物结合，使酶的催化活性降低，称为非竞争性抑制（图 4-26）。

非竞争性抑制作用的反应方程：

$$\begin{array}{ccc} E + S & \underset{k_{-1}}{\overset{k_{+1}}{\rightleftharpoons}} ES & \xrightarrow{k_{+2}} E + P \\ + & & + \\ I & & I \\ k_{+3} \Big\updownarrow k_{-3} & & k_{+3} \Big\updownarrow k_{-3} \\ EI + S & \underset{k_{-1}}{\overset{k_{+1}}{\rightleftharpoons}} ESI & \end{array}$$

非竞争性抑制的特点：

（1）非竞争性抑制剂的化学结构不一定与底物的分子结构类似；

（2）底物和抑制剂分别独立地与酶的不同部位相结合；

（3）抑制剂对酶与底物的结合无影响，故底物浓度的改变对抑制程度无影响；

（4）动力学参数：K_m 值不变，V_m 值降低。

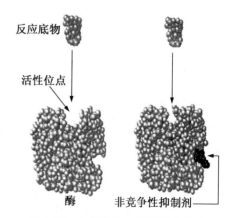

图 4-26　非竞争性抑制作用示意图

3. 反竞争性抑制

抑制剂不能与游离酶结合，但可与 ES 复合物结合并阻止产物生成，使酶的催化活性降低,称酶的反竞争性抑制(图 4-27)。

反竞争性抑制作用的反应方程:

$$E + S \underset{k_{-1}}{\overset{k_{+1}}{\rightleftharpoons}} ES \overset{k_{+2}}{\longrightarrow} E + P$$

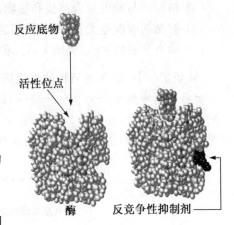

图 4-27 反竞争性抑制作用示意图

反竞争性抑制的特点:

(1)反竞争性抑制剂的化学结构不一定与底物的分子结构类似;

(2)抑制剂与底物可同时与酶的不同部位结合;

(3)必须有底物存在,抑制剂才能对酶产生抑制作用;抑制程度随底物浓度的增加而增加;

(4)动力学参数:K_m 减小,V_m 降低。

第四节 酶的调节

生物体内的各种生理活动均以一定的物质代谢为基础。为了适应某种生理活动的变化,需要对一定的代谢活动进行调节。通过对酶的催化活性的调节,使体内物质代谢速率与生理状态的变化保持同步,就可以达到调节代谢活动的目的。

可以通过改变其催化活性而使整个代谢反应的速度或方向发生改变的酶就称为限速酶或关键酶。

一、酶活性的调节

酶活性的调节是通过对现有酶分子结构的影响来改变酶的催化活性的调节方式。酶活性的调节是一种快速调节方式。

(一)酶原的激活

如同其他某些活性蛋白质一样,有一些酶,如消化系统中的蛋白水解酶和血液凝固系统的许多酶,它们在细胞内合成及释放的初期,通常不具催化活性,必须经过蛋白酶酶解或其他因素的作用,然后才能转变成有活性的酶。不具有催化活性的酶的前体称为酶原(zymogen),由酶原转变成酶的过程称为酶原激活(zymogen activation)。

从分子结构分析,酶原激活其实是蛋白质一级结构和空间构象改变的过程。在通常情况下,首先发生酶原肽链的部分降解,去掉部分肽段后的肽链再进行三维空间重排,形成酶的活性中心,或者是酶的活性中心暴露,于是由无活性的酶原转变成有活性的酶。如:胰蛋白酶原的酶解,发生在多肽链 N-端 Lys 与 Ile 之间,结果形成以 Ile 为 N-端的胰蛋白酶分子,由 His 40、Asp 84、Ser 177 和 Trp 193 组成活性中心(图 4-28)。

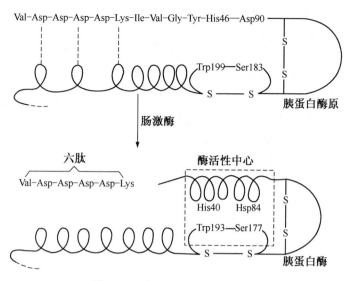

图 4-28　胰蛋白酶原的激活过程

（二）变构调节（别构调节）

　　某些代谢物能与变构酶分子上的变构部位特异性结合,使酶的分子构象发生改变,从而改变酶的催化活性以及代谢反应的速度,这种调节作用就称为变构调节(allosteric regulation)。具有变构调节作用的酶就称为变构酶。(图 4-29,图 4-30)

　　凡能使酶分子变构并使酶的催化活性发生改变的代谢物就称为变构剂。

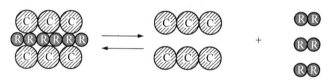

图 4-29　变构酶分子结构示意图
C. 催化亚基;R. 调节亚基

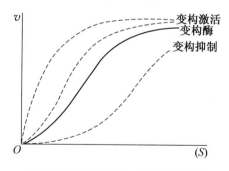

图 4-30　变构酶的 v[S]关系曲线

1. 变构调节的机制

　　变构酶一般是多亚基构成的聚合体,一些亚基为催化亚基,另一些亚基为调节亚基。当调节亚基或调节部位与变构剂结合后,就可导致酶的空间构象发生改变,从而导致酶的催化活性中心的构象发生改变而致酶活性的改变。

2．变构调节的方式

变构酶通常为代谢途径的起始关键酶，而变构剂则为代谢途径的终产物。因此，变构剂一般以反馈方式对代谢途径的起始关键酶进行调节，最常见的为负反馈调节。

3．变构调节的特点

（1）酶活性的改变通过酶分子构象的改变而实现；

（2）酶的变构仅涉及非共价键的变化；

（3）调节酶活性的因素为代谢物；

（4）为一非耗能过程；

（5）无放大效应。

（三）酶的共价修饰调节

酶蛋白肽链上的一些基团可与某种化学基团发生可逆的共价结合，从而改变酶的活性，这一过程称为酶的共价修饰（covalent modification）调节。

酶的共价修饰包括磷酸化与脱磷酸化、乙酰化与脱乙酰化、甲基化与脱甲基化、腺苷化与脱腺苷化等等。其中以磷酸化修饰最为常见。

1．共价修饰的机制

共价修饰酶通常在两种不同的酶的催化下发生修饰或去修饰，从而引起酶分子在有活性形式与无活性形式之间进行相互转变。（图 4-31）

图 4-31　酶的磷酸化与脱磷酸化共价修饰

2．共价修饰调节的方式

共价修饰调节一般与激素的调节相联系，其调节方式为级联反应。

3．共价修饰调节的特点

（1）酶以两种不同修饰和不同活性的形式存在；

（2）有共价键的变化；

（3）受其他调节因素（如激素）的影响；

（4）一般为耗能过程；

（5）存在放大效应。

二、酶含量的调节

酶含量的调节是指通过改变细胞中酶蛋白合成或降解的速度来调节酶分子的绝对含量，影响其催化活性，从而调节代谢反应的速度。酶含量的调节是机体内迟缓调节的重要方式。

（一）酶蛋白合成的调节

酶蛋白的合成速度通常通过一些诱导剂或阻遏剂来进行调节。凡能促使基因转录增强，从而使酶蛋白合成增加的物质就称为诱导剂；反之，则称为阻遏剂。酶的底物对酶蛋白的合成具有诱导作用；代谢终产物对酶的合成有阻遏作用。激素可以诱导关键酶的合成，也可阻遏关键酶的合成。

（二）酶蛋白降解的调节

通过调节酶的降解速度以控制酶的活性。

（三）同工酶（isoenzyme）

同工酶是指催化相同的化学反应，而酶蛋白的分子结构、理化性质以及免疫学性质不同的一组酶。他们是由不同基因或等位基因编码的多肽链，或由同一基因转录生成的不同mRNA翻译的不同多肽链组成的蛋白质。同工酶存在与同一种属或同一个体的不同组织或同一细胞的不同亚细胞结构中，它在代谢调节上起着重要的作用。研究最多的同工酶是乳酸脱氢酶（LDH）。

乳酸脱氢酶同工酶（LDHs）为四聚体，在体内共有 5 种分子形式，即 $LDH_1(H_4)$，$LDH_2(MH_3)$，$LDH_3(M_2H_2)$，$LDH_4(M_3H)$ 和 $LDH_5(M_4)$（图 4-32）。

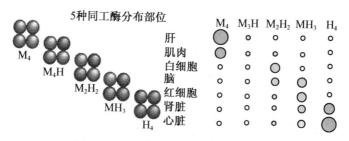

图 4-32　五种乳酸脱氢酶的组成和分布

心肌中以 LDH_1 含量最多，LDH_1 对乳酸的亲和力较高，因此它的主要作用是催化乳酸转变为丙酮酸再进一步氧化分解，以供应心肌的能量。在骨骼肌中含量最多的是 LDH_5，LDH_5 对丙酮酸的亲和力较高，因此它的主要作用是催化丙酮酸转变为乳酸，以促进糖酵解的进行。

第五章

糖 代 谢

　　糖是一类多羟基醛、多羟基酮、多羟基醛或多羟基酮的衍生物,可以水解为多羟基醛或多羟基酮或它们的衍生物的物质,也称为碳水化合物。碳水化合物是地球上最丰富的生物分子,每年全球植物和藻类光合作用可转换 1000 亿吨 CO_2 和 H_2O 成为纤维素和其他植物产物。植物体 85%～90% 的干重是糖。这些碳水化合物是构成机体的成分并在多种生命过程中起重要作用。其主要的生理功能为:

　　(1) 氧化供能:糖类占人体全部供能的 70%。

　　(2) 作为结构成分:作为生物膜、神经组织等的组分。

　　(3) 作为核酸类化合物的成分:构成核苷酸,DNA,RNA 等。

　　(4) 转变为其他物质:转变为脂肪或氨基酸等化合物。

　　本章重点介绍作为生物体的主要能源供给者——糖的代谢。

　　糖代谢主要是指葡萄糖在体内的一系列复杂的化学反应。它在不同类型细胞中的代谢途径有所不同,其分解代谢方式还在很大程度上受氧供应状况的影响。在缺氧时,葡萄糖进行糖酵解生成乳酸;在供氧充足时,葡萄糖进行有氧氧化生成 CO_2 和 H_2O;此外,葡萄糖也可通过磷酸戊糖途径等进行代谢,以发挥不同的生理作用。当进食糖类食物后,葡萄糖经合成代谢聚合成糖原,储存于肝或肌组织;空腹或饥饿时,肝糖原分解为葡萄糖进入血液,以维持血糖浓度。有些非糖物质如乳酸、丙氨酸等还可经糖异生途径转变成葡萄糖或糖原。以下将介绍糖的主要代谢途径、生理意义及其调控机制。

第一节　糖的消化吸收

一、糖的消化

　　人类食物中的糖有淀粉、糖原、蔗糖、乳糖、麦芽糖、葡萄糖、果糖及纤维素等。纤维素不被消化,但纤维素能促进肠管蠕动,其余的糖需被消化道中水解酶类分解为单糖后才被吸收。

　　唾液中含有唾液淀粉酶,胃液中不含水解糖类的酶类,小肠是糖消化的主要场所,肠液中有胰腺分泌的胰淀粉酶。

二、糖的吸收

消化所生成的单糖主要在小肠上段被吸收扩散入血,循门静脉入肝,并输送到全身各组织器官中利用。目前认为单糖至少有两种吸收转运系统:

(1) Na^+-单糖共转运系统,依赖钠泵并消耗 ATP,对葡萄糖和半乳糖有高特异性;

(2) 不依赖 Na^+ 的单糖转运系统,对果糖有高特异性。

两种吸收转运系统都有特异性载体蛋白参与。

食物中的糖是机体中糖的主要来源,被人体摄入经消化成单糖吸收后,经血液运输到各组织细胞进行合成代谢和分解代谢。机体内糖的代谢途径主要有葡萄糖的无氧酵解、有氧氧化、磷酸戊糖途径、糖原合成与糖原分解、糖异生以及其他己糖代谢等。

第二节 糖的无氧分解代谢

一、糖酵解的反应过程

葡萄糖或糖原在不消耗氧的条件下被分解成乳酸(lactate)的过程,称为糖的无氧分解或无氧氧化。由于此反应过程与酵母菌使糖生醇发酵的过程基本相似,故又称为糖酵解(glycolysis)或无氧酵解。糖酵解的代谢反应过程可分为两个阶段:第一阶段是由葡萄糖分解成丙酮酸(pyruvate)的过程,称之为酵解途径(glycolytic pathway);第二阶段为丙酮酸还原成乳酸的过程。糖酵解的全部反应在胞浆中进行。

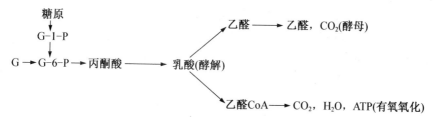

（一）葡萄糖分解成丙酮酸

1. 葡萄糖(glucose,G)磷酸化成为 6-磷酸葡萄糖(glucose-6-phosphate,G-6-P)

葡萄糖进入细胞后首先的反应是磷酸化,催化此反应的酶是己糖激酶(hexokinase,HK),分布较广,葡萄糖激酶(glucokinase)只存在于肝脏。由 ATP 提供能量和磷酸基团,并需要 Mg^{2+} 参与。磷酸化后的葡萄糖已被活化,不能自由通过细胞膜而逸出细胞。己糖激酶是糖酵解途径中第一个限速酶,催化的反应不可逆。

糖酵解由糖原开始时,糖原分子中的葡萄糖单位在糖原磷酸化酶的催化下,磷酸化生成 1-磷酸葡萄糖(glucose-1-phosphate,G-1-P),再经磷酸葡萄糖变位酶的催化生成 G-6-P,此两步反应不消耗 ATP。

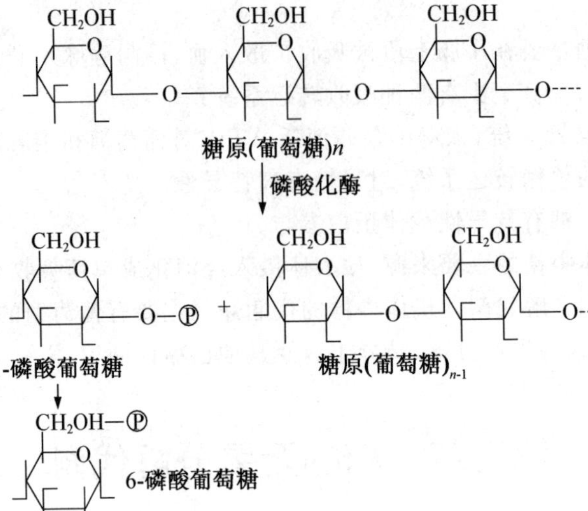

糖原(葡萄糖)n

磷酸化酶

1-磷酸葡萄糖　　+　　糖原(葡萄糖)$_{n-1}$

6-磷酸葡萄糖

2. 6-磷酸葡萄糖转变为 6-磷酸果糖(fructose-6-phosphate,F-6-P)

这是醛糖与酮糖之间的异构化反应,由磷酸己糖异构酶催化,反应可逆。

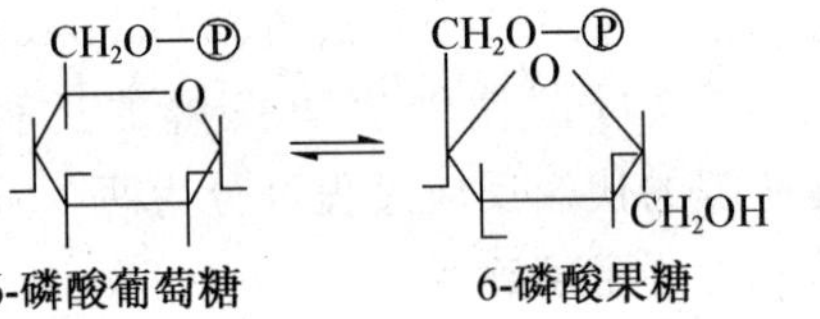

6-磷酸葡萄糖　　　　6-磷酸果糖

3. 6-磷酸果糖转变为 1,6-二磷酸果糖(fructose-1,6-biphosphate,F-1,6-2P)

这是第二个磷酸化反应,由 6-磷酸果糖激酶-1(6-phosphofructo-kinase-1,6-PFK-1)催化,需 ATP 和 Mg^{2+} 参与,反应不可逆。6-磷酸果糖激酶-1 是糖酵解过程中的第二个限速酶。

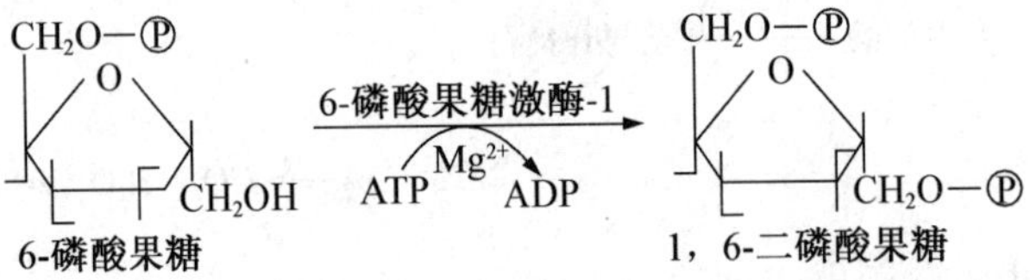

6-磷酸果糖　　　　　　　　　　　　　　　1，6-二磷酸果糖

4. 磷酸己糖裂解成 2 分子磷酸丙糖

在醛缩酶(aldolase)的催化下,F-1,6-2P 裂解产生 2 分子磷酸丙糖,即 1 分子磷酸二羟丙酮和 1 分子 3-磷酸甘油醛。它们是互为异构体,两者在磷酸丙糖异构酶(triose phosphate isomerase)的作用下可相互转变。当 3-磷酸甘油醛在下一步反应中被移去后,磷酸二羟丙酮迅速转变为 3-磷酸甘油醛,继续进行酵解。

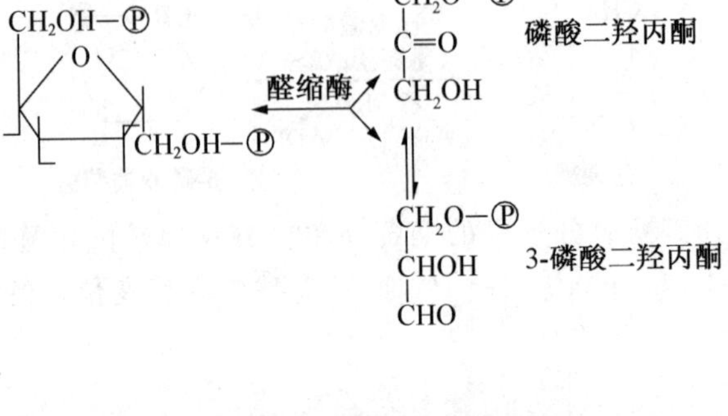

磷酸二羟丙酮

3-磷酸二羟丙酮

上述反应为糖酵解途径中的耗能阶段,从葡萄糖开始代谢消耗 2 分子 ATP,产生 2 分子 3-磷酸甘油醛,而从糖原开始代谢,仅消耗 1 分子 ATP。

5. 3-磷酸甘油醛氧化为 1,3-二磷酸甘油酸

在 3-磷酸甘油醛脱氢酶(glyceraldehyde-3-phosphate dehydrogenase)的催化下,3-磷酸甘油醛脱氢氧化,同时磷酸化,产生含 1 个高能磷酸键的 1,3-二磷酸甘油酸,反应中脱下的 2H,由脱氢酶的辅酶 NAD^+ 接受,生成 $NADH+H^+$。

$$
\begin{array}{c}
\text{CHO} \\
|\\
\text{CHOH} \\
|\\
\text{CH}_2\text{O}-\textcircled{P}
\end{array}
\quad
\xrightarrow[\text{Pi}\;\; \text{NAD}^+ \;\; \text{NADH+H}^+]{\text{3-磷酸甘油醛脱氢酶}}
\quad
\begin{array}{c}
\text{CHO}\sim\textcircled{P} \\
|\\
\text{CHOH} \\
|\\
\text{CH}_2\text{O}-\textcircled{P}
\end{array}
$$

3-磷酸甘油醛　　　　　　　　　　　　　　　　　　1,3-磷酸甘油酸

6. 1,3-二磷酸甘油酸转变为 3-磷酸甘油酸

1,3-二磷酸甘油酸在磷酸甘油酸激酶(phosphoglycerate kinase)催化下,将分子内部的高能磷酸基团转移给 ADP,生成 3-磷酸甘油酸和 ATP,反应需要 Mg^{2+}。这是糖酵解过程中第一个产生 ATP 的反应。这种含有高能键的物质,其高能键断裂后,释放高能磷酸基团,使 ADP 磷酸化生成 ATP 的过程,被称为底物水平磷酸化作用(substrate level phosphorylation)。

$$
\begin{array}{c}
\text{COO}\sim\textcircled{P} \\
|\\
\text{CHOH} \\
|\\
\text{CH}_2\text{O}-\textcircled{P}
\end{array}
\quad
\xrightarrow[\text{ADP}\;\; \text{Mg}^{2+} \;\; \text{ATP}]{\text{磷酸甘油酸激酶}}
\quad
\begin{array}{c}
\text{COOH} \\
|\\
\text{CHOH} \\
|\\
\text{CH}_2\text{O}-\textcircled{P}
\end{array}
$$

1,3-磷酸甘油酸　　　　　　　　　　　　　　　　　3-磷酸甘油酸

7. 3-磷酸甘油酸转变为 2-磷酸甘油酸

在 3-磷酸甘油酸变位酶(phosphoglycerate mutase)催化下,3-磷酸甘油酸的 C_3 位上的磷酸基转移到 C_2 位上,生成 2-磷酸甘油酸。

$$
\begin{array}{c}
\text{COOH} \\
|\\
\text{CHOH} \\
|\\
\text{CH}_2\text{O}-\textcircled{P}
\end{array}
\quad
\rightleftharpoons
\quad
\begin{array}{c}
\text{COOH} \\
|\\
\text{CHO}-\textcircled{P} \\
|\\
\text{CH}_2\text{OH}
\end{array}
$$

3-磷酸甘油酸　　　　　　　　　　　　　　2-磷酸甘油酸

8. 2-磷酸甘油酸转变成磷酸烯醇式丙酮酸

2-磷酸甘油酸在烯醇化酶(enolase)催化下,脱水生成磷酸烯醇式丙酮酸(phosphoenolpyruvate,PEP)。这一反应使得分子内部的电子重排和能量重新分布,形成一个高能磷酸键,为下一步的反应作了准备。

$$
\begin{array}{c}
\text{COOH} \\
|\\
\text{CHO}-\textcircled{P} \\
|\\
\text{CH}_2\text{OH}
\end{array}
\quad
\xrightarrow[\text{H}_2\text{O}]{\text{烯醇化酶}}
\quad
\begin{array}{c}
\text{COOH} \\
|\\
\text{C}-\text{O}\sim\textcircled{P} \\
\|\\
\text{CH}_2
\end{array}
$$

2-磷酸甘油酸　　　　　　　磷酸烯醇式丙酮酸

9. 磷酸烯醇式丙酮酸转变为丙酮酸

在丙酮酸激酶(pyruvate kinase,PK)催化下,磷酸烯醇式丙酮酸的高能磷酸基团转移给

ADP 生成 ATP,而其自身先转变为烯醇式丙酮酸,而后再自发转变为丙酮酸,反应需要 Mg^{2+}。这是糖酵解途径中第二次底物水平磷化。丙酮酸激酶是糖酵解途径中第三个限速酶,反应不可逆。

(二) 丙酮酸还原成乳酸

丙酮酸由乳酸脱氢酶催化加氢还原生成乳酸,反应所需的氢原子由 $NADH+H^+$ 提供,后者来自上述反应中的 3-磷酸甘油醛的脱氢反应。在缺氧情况下,这对氢不能经电子传递链氧化,而是通过丙酮酸还原为乳酸的反应,使 $NADH+H^+$ 得以重新转变成 NAD^+,这样保证了糖酵解的继续进行。

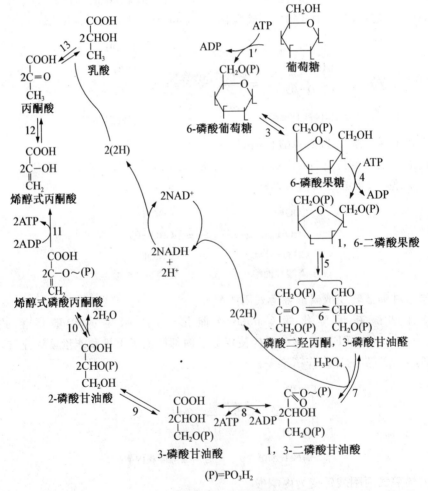

糖酵解的全部反应可归纳如图 5-1,5-2 所示。

图 5-1 由葡萄糖起始的糖酵解过程

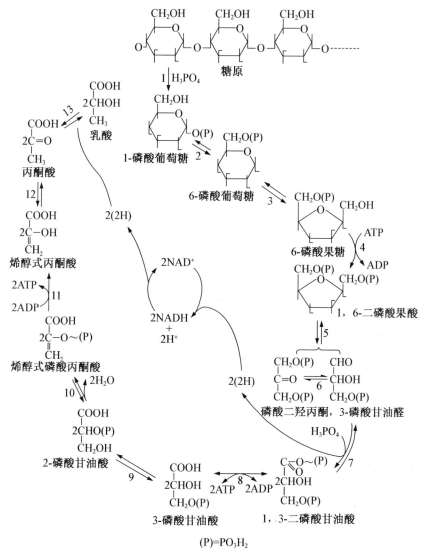

图 5-2 由糖原起始的糖酵解过程

二、糖酵解的调节

(一)糖酵解反应特点

1. 糖酵解反应的总反应为：1 葡萄糖 $\longrightarrow$ 2 乳酸 ＋2ATP

全过程没有氧的参与，反应中生成的 NADH＋H$^+$ 只能将 2H 交给丙酮酸，使之还原成乳酸，因此，乳酸是糖酵解的最终产物。

2. 经两次底物水平磷酸化，可产生 4 分子 ATP，反应过程消耗 2 分子 ATP，故只净生成 2 分子 ATP。若从糖原开始，仅消耗 1 分子 ATP，则净生成 3 分子 ATP（表 5-1）。

3. 在糖酵解反应的全过程中，有三步是不可逆的单向反应。催化这三步反应的己糖激酶（葡萄糖激酶）、6-磷酸果糖激酶-1、丙酮酸激酶是糖酵解的限速酶，其中尤以 6-磷酸果糖激酶-1 的催化活性最低,是最重要的限速酶,其活性大小,对糖的分解代谢的速度起着决定性的作用。

表 5-1   糖酵解过程中能量的变化

反　　应	ATP
葡萄糖→6-磷酸葡萄糖	−1
6-磷酸果糖→1,6 二磷酸葡萄糖	−1
2×1,3-二磷酸甘油酸→2×3-磷酸甘油酸	2×1
2×磷酸烯醇式丙酮酸→2×丙酮酸	2×1
	净生成　2 个 ATP

糖酵解反应的限速酶调节如下:

(1) 6-磷酸果糖激酶-1(变构酶)　变构抑制剂:ATP、柠檬酸;变构激活剂:AMP、ADP、1,6-双磷酸果糖、2,6-双磷酸果糖。

(2) 丙酮酸激酶(变构酶)　变构抑制剂:ATP;变构激活剂:1,6-双磷酸果糖;共价修饰调节:磷酸化失活。

(3) 葡萄糖激酶或己糖激酶　己糖激酶受反应产物 6-磷酸葡萄糖的反馈抑制,但肝脏中的葡萄糖激酶则不受此影响。

(二) 糖酵解的生理意义

1. 迅速提供能量

当机体缺氧或剧烈运动肌肉局部血流相对不足时,能量主要通过糖酵解获得。

2. 在有氧条件下,作为某些组织细胞主要的供能途径

成熟的红细胞没有线粒体,完全依赖糖酵解供应能量。神经、白细胞、骨髓等代谢极为活跃,即使不缺氧也常由糖酵解提供部分能量。

第三节   糖的有氧氧化

葡萄糖在有氧条件下彻底氧化成水和二氧化碳的反应过程称为糖的有氧氧化(aerobic oxidation)。有氧氧化是糖氧化的主要方式,绝大多数细胞都通过它获得能量。肌肉等进行糖酵解生成的乳酸,最终仍需在有氧时彻底氧化成水和二氧化碳。

绝大多数组织细胞通过糖的有氧氧化途径获得能量。此代谢过程在细胞胞液和线粒体(cytoplasm and mitochondrion)内进行。

1 分子葡萄糖(glucose)彻底氧化分解可产生 36/38 分子 ATP。

一、糖的有氧氧化的反应过程

糖的有氧氧化分三个阶段进行。第一阶段:葡萄糖分解生成丙酮酸,在细胞液中进行。第二阶段:丙酮酸进入线粒体氧化脱羧,生成乙酰 CoA。第三阶段:三羧酸循环及氧化磷酸化,在线粒体内进行(图 5-3)。

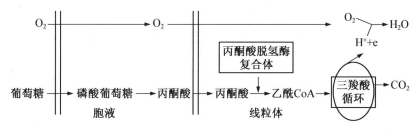

图 5-3　有氧氧化反应过程

（一）葡萄糖分解生成丙酮酸

此阶段的反应步骤与糖无氧氧化途径基本相同。在有氧条件下，1 分子葡萄糖分解生成 2 分子丙酮酸。所不同的是，3-磷酸甘油醛脱下的氢并不用于丙酮酸还原生成乳酸，而是交给 NAD^+，生成 $NADH+H^+$，再经线粒体内电子传递链的作用，与氧结合生成水，释放能量，使 ADP 磷酸化生成 ATP。这种生成 ATP 的方式为氧化磷酸化。

（二）丙酮酸氧化脱羧生成乙酰辅酶 A

丙酮酸在胞液中生成以后，经线粒体内膜上特异载体转运到线粒体内，在丙酮酸脱氢酶复合体（又叫丙酮酸脱氢酶系）催化下进行氧化脱羧，并与辅酶 A 结合成乙酰辅酶 A（CoA），反应不可逆。其总反应式为：

$$
\begin{array}{c}
\text{COOH} \\
| \\
\text{C}{=}\text{O} \\
| \\
\text{CH}_3 \\
\text{丙酮酸}
\end{array}
\; + \; \underset{\text{辅酶A}}{\text{HSCoA}}
\xrightarrow[\underset{NAD^+ \quad NADH+H^+}{}]{\text{丙酮酸脱氢酶复合体}}
\begin{array}{c}
\text{CO} \sim \text{SCoA} \\
| \\
\text{CH}_3 \\
\text{乙酰辅酶A}
\end{array}
\; + \; CO_2
$$

丙酮酸脱氢酶复合体由 3 种酶蛋白和 5 种辅酶组成，丙酮酸脱氢酶复合体存在于线粒体中，是由丙酮酸脱氢酶、二氢硫辛酰胺转乙酰酶、二氢硫辛酰脱氢酶按一定比例组合成的多酶体系，其组合比例随生物体不同而异。该复合体催化丙酮酸氧化脱羧生成乙酰 CoA，参与反应的辅酶有硫胺素焦磷酸酯（TPP）、硫辛酸、FAD、NAD^+ 及 CoA。

反应过程如图 5-4 所示：

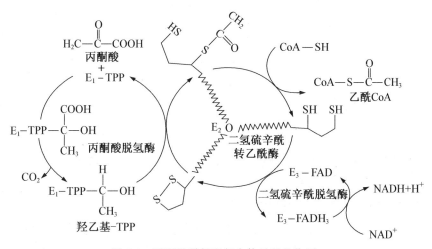

图 5-4　丙酮酸脱氢酶复合体的催化作用

（三）三羧酸循环

三羧酸循环(tricarboxylic acid cycle,TAC)是以乙酰辅酶 A 的乙酰基与草酰乙酸缩合为柠檬酸开始,经过若干反应步骤,最后又以草酰乙酸的再生为结束的连续酶促反应过程。因为这个反应过程的第一个产物是含有三个羧基的柠檬酸,故称为三羧酸循环,也叫做柠檬酸循环。又因为这个循环学说是由 Krebs 于 1937 年首先提出,故又叫做 Krebs 循环。反应位点:线粒体。

三羧酸循环的反应过程如图 5-5 所示:

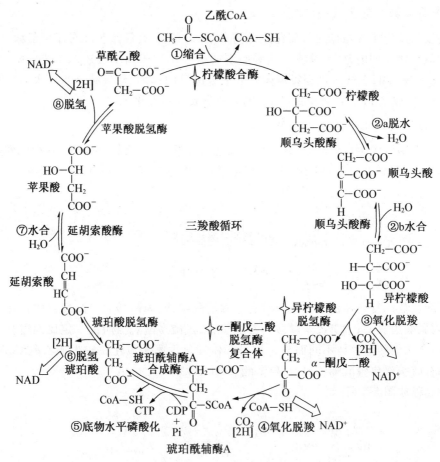

图 5-5 三羧酸循环反应过程

二、有氧氧化的生理意义

（一）三羧酸循环是三大营养物质的最终代谢通路

糖、脂肪、氨基酸在体内进行生物氧化都将产生乙酰 CoA,然后进入三羧酸循环被降解成为 CO_2 和 H_2O,并释放能量满足机体需要。

（二）三羧酸循环也是糖、脂肪、氨基酸代谢联系的枢纽

由葡萄糖分解产生的乙酰 CoA 可以用来合成脂酸和胆固醇;许多生糖氨基酸都必须先转变为三羧酸循环的中间物质后,再经苹果酸或草酰乙酸异生为糖。三羧酸循环的中间产物还

可转变为多种重要物质,如琥珀酰辅酶 A 可用于合成血红素;α-酮戊二酸、草酰乙酸可用于合成谷氨酸、天冬氨酸,这些非必需氨基酸参与蛋白质的生物合成(图 5-6)。

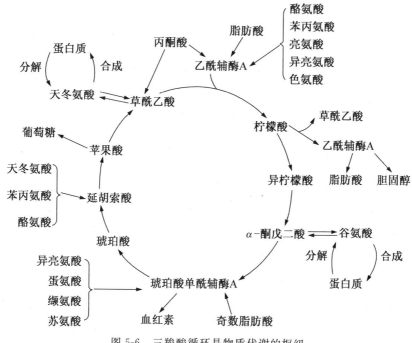

图 5-6 三羧酸循环是物质代谢的枢纽

（三）三羧酸循环的总反应式及能量代谢

$$CH_3CO \sim SCoA + 3NAD^+ + FAD + GDP + Pi + 2H_2O \longrightarrow 2CO_2 + 3NADH + 3H^+ + FADH_2 + HSCoA + GTP$$

三羧酸循环运转一周:有 2 次脱羧(氧化 1 分子乙酰 CoA)、4 次脱氢(3 次由 NAD^+ 接受、1 次由 FAD 接受)、1 次底物水平磷酸化。(表 5-2)

表 5-2 葡萄糖有氧氧化过程中 ATP 的生成位点

	反 应	辅 酶	ATP
第一阶段	葡萄糖→6-磷酸葡萄糖		−1
	6-磷酸果糖→1,6 二磷酸果糖		−1
	2×3-磷酸甘油醛→2×1,3-二磷酸甘油酸	NAD^+	2×3 或 2×2*
	2×1,3-二磷酸甘油酸→2×3-磷酸甘油酸		2×1
	2×磷酸烯醇式丙酮酸→2×丙酮酸		2×1
第二阶段	2×丙酮酸→2×乙酰 CoA	NAD^+	2×3
第三阶段	2×异柠檬酸→2×α-酮戊二酸	NAD^+	2×3
	2×α-酮戊二酸→2×琥珀酰 CoA	NAD^+	2×3
	2×琥珀酰 CoA→2×琥珀酸		2×1

反 应	辅 酶	ATP
2×琥珀酸→2×延胡索酸	FAD	2×2
2×苹果酸→2×草酰乙酸	NAD$^+$	2×3
	净生成	38(或 36)ATP

*（1）糖酵解途经产生的 NADH＋H$^+$，如果经苹果酸穿梭机制，1 个 NADH＋H$^+$产生 3 分子 ATP；若经 α-磷酸甘油穿梭机制，则产生 2 分子 ATP；

（2）1 分子葡萄糖分解生成 2 分子 3-磷酸甘油醛，故乘以 2。

（四）三羧酸循环的特点

（1）循环反应在线粒体(mitochondrion)中进行，为不可逆反应。

（2）每完成一次循环，氧化分解掉 1 分子乙酰基，可生成 12 分子 ATP。

（3）循环的中间产物既不能通过此循环反应生成，也不被此循环反应所消耗。

（4）三羧酸循环中有两次脱羧反应，生成 2 分子 CO_2。

（5）循环中有四次脱氢反应，生成 3 分子 NADH 和 1 分子 FADH2。

（6）循环中有一次底物水平磷酸化，生成 1 分子 GTP。

（7）三羧酸循环的关键酶是柠檬酸合酶、异柠檬酸脱氢酶和 α-酮戊二酸脱氢酶系。

三、有氧氧化的调节

糖的有氧氧化的三个阶段中，第一阶段的调节见糖酵解的调节，这里主要叙述第二、三阶段的调节。

（一）丙酮酸脱氢酶复合体的调节

丙酮酸脱氢酶复合体可通过变构效应和共价修饰两种方式进行快速调节。反应产物 NADH、乙酰 CoA 对丙酮酸脱氢酶复合体有反馈抑制作用，使有氧氧化减弱；ATP 对其也有抑制作用，而 AMP 则有激活作用。此外，丙酮酸脱氢酶复合体还可被丙酮酸脱氢酶激酶磷酸化，引起酶蛋白变构而失去活性；丙酮酸脱氢酶磷酸酶则使其脱磷酸而恢复活性。NADH、乙酰 CoA 增加，还可通过增强丙酮酸脱氢酶激酶活性，加强对丙酮酸脱氢酶复合体的抑制作用，协同减弱糖的有氧氧化，使 NADH 和乙酰 CoA 生成不致过多；而 NAD$^+$ 和 ADP 则有相反作用。胰岛素可增强丙酮酸脱氢酶磷酸酶活性，促进糖的氧化分解。

（二）三羧酸循环的调节

三羧酸循环的速率和流量受多种因素的调控，在三个不可逆反应中，其中异柠檬酸脱氢酶和 α-酮戊二酸脱氢酶复合体所催化的反应是三羧酸循环的主要调节点。

当 NADH/NAD$^+$ 和 ATP/ADP 浓度比值升高时，异柠檬酸脱氢酶、α-酮戊二酸脱氢酶复合体被反馈抑制，三羧酸循环速率减慢，而 ADP 则是异柠檬酸脱氢酶的变构激活剂。

线粒体中 Ca^{2+} 浓度增高，可激活异柠檬酸脱氢酶、α-酮戊二酸脱氢酶复合体及丙酮酸脱氢酶复合体活性，糖的有氧氧化增强。

三羧酸循环也受氧化磷酸化速率的影响。三羧酸循环中由 4 次脱氢生成的 NADH＋H$^+$ 和 FADH$_2$ 中的氢和电子需通过电子传递链进行氧化及磷酸化生成 ATP，使氧化型 NAD$^+$ 和

FAD 得以再生,否则三羧酸循环中的脱氢反应将无法进行。因此,凡是抑制电子传递链各环节的因素均可阻断三羧酸循环运转。

(三)巴斯德效应

有氧氧化抑制糖酵解的现象称为巴斯德效应(Pasteur effect),此效应是由法国科学家 Pasteur 利用酵母菌进行生醇发酵时发现。人体组织中同样存在此效应。当组织供氧充足时,丙酮酸进入三羧酸循环氧化,NADH+H$^+$可穿梭进入线粒体经电子传递链氧化,使乳酸生成受到抑制,所以有氧抑制糖酵解。缺氧时,氧化磷酸化受阻,NADH+H$^+$累积,使 ADP 与 Pi 不能转变为 ATP,ATP/ADP 比值降低,促使 6-磷酸果糖激酶-1 和丙酮酸激酶活性增强,丙酮酸作为氢接受体在胞液中还原为乳酸,加速葡萄糖沿糖酵解途径分解。

第四节 磷酸戊糖途径

糖酵解和糖的有氧氧化是体内糖分解代谢的主要途径,除此以外,体内还存在其他代谢途径,磷酸戊糖途径(pentose phosphate pathway)或称磷酸己糖旁路(hexose monophosphate shunt,简称 HMS)就是另一重要途径。此途径在肝脏、脂肪组织、红细胞、肾上腺皮质、泌乳期乳腺、性腺、骨髓等组织中比较活跃,整个反应过程均在胞液中进行。

一、磷酸戊糖途径的反应过程

磷酸戊糖途径总反应方程式如下:
$$6G\text{-}6\text{-}P + 12NADP^+ + 7H_2O \longrightarrow 5G\text{-}6\text{-}P + 12NADPH + 12H^+ + 6CO_2 + Pi$$
磷酸戊糖途径反应过程如图 5-7 所示:

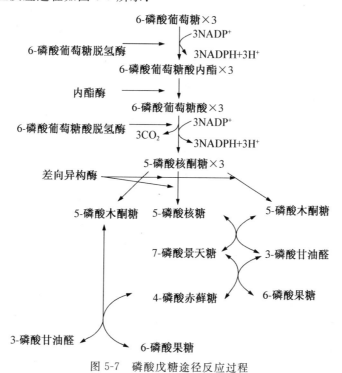

图 5-7 磷酸戊糖途径反应过程

二、磷酸戊糖途径的生理意义

（一）提供 NADPH 作为供氢体参与多种代谢反应

（1）NADPH 是体内许多合成代谢的供氢体。

（2）NADPH 参与体内羟化反应。

（3）NADPH 用于维持谷胱甘肽的还原状态，对保护细胞中含巯基的酶及蛋白质免受氧化、维持红细胞的正常功能（膜蛋白的完整性）及血红蛋白处于还原状态起重要作用。

（二）为核酸的生物合成提供核糖

5-磷酸核糖是核酸和核苷酸的组成成分。它既可由磷酸戊糖途径生成，也可通过糖分解代谢的中间产物 6-磷酸果糖和 3-磷酸甘油醛经前述基团转移反应的逆反应生成，但在人体主要是经前一过程生成。肌组织缺乏 6-磷酸葡萄糖脱氢酶，磷酸核糖则靠基团转移反应生成。

（三）提供能量

必要时可通过脱氢酶作用，使 NAD 还原成 NADH，后者通过呼吸链和氧化磷酸化过程，即可生成 ATP 提供能量需要。

第五节　糖原的合成与分解

糖原（glycogen）是由葡萄糖单位组成的具有许多分支结构的大分子多糖，是人和动物体内糖的贮存形式。糖原分子中的葡萄糖单位主要以 α-1,4-糖苷键相连，形成直链结构，部分以 α-1,6-糖苷键相连构成支链。一条糖链有一个还原端和一个非还原端，每形成一个分支即增加一个非还原端（图 5-8，图 5-9）。糖原的合成与分解都是由非还原端开始的。糖原的合成与分解代谢主要发生在肝、肾和肌肉组织细胞的胞液中。

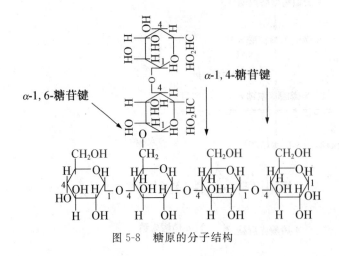

图 5-8　糖原的分子结构

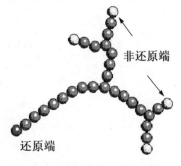

图 5-9　糖原的分子结构示意图

一、糖原的合成代谢

（一）糖原合成的反应过程

糖原合成的反应过程可分为三个阶段。

1. 活化

由葡萄糖在己糖激酶或葡萄糖激酶作用下生成 6-磷酸葡萄糖,是一耗能过程。

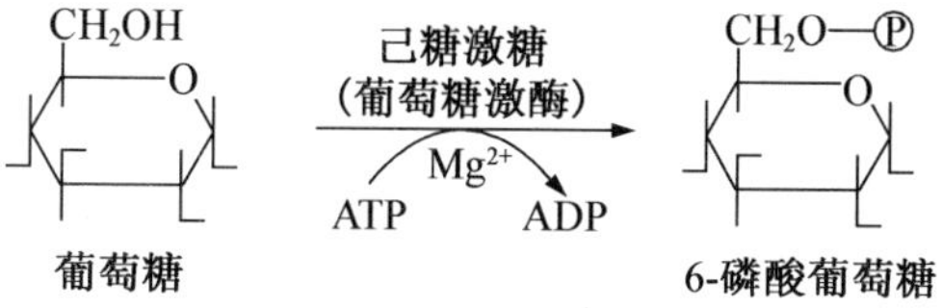

2. 6-磷酸葡萄糖转变为 1-磷酸葡萄糖

此反应在葡萄糖变位酶催化下完成。

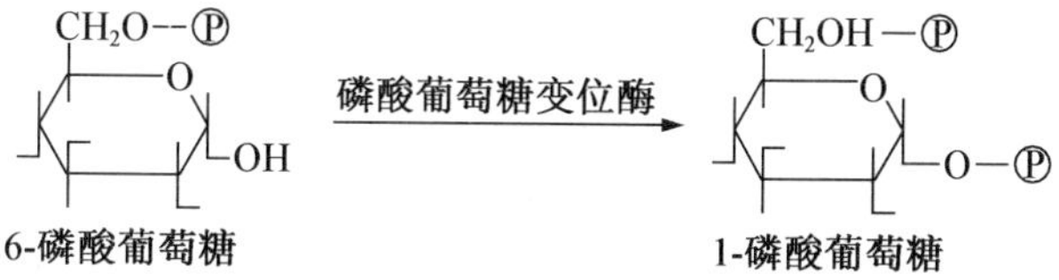

3. 生成尿苷二磷酸葡萄糖

在尿苷二磷酸葡萄糖焦磷酸化酶作用下,1-磷酸葡萄糖与 UTP 作用,生成尿苷二磷酸葡萄糖(uridine diphosphate glucose,UDPG),释放出焦磷酸。焦磷酸被焦磷酸酶迅速水解,使反应向糖原合成方向进行,同时消耗 1 个高能磷酸键。

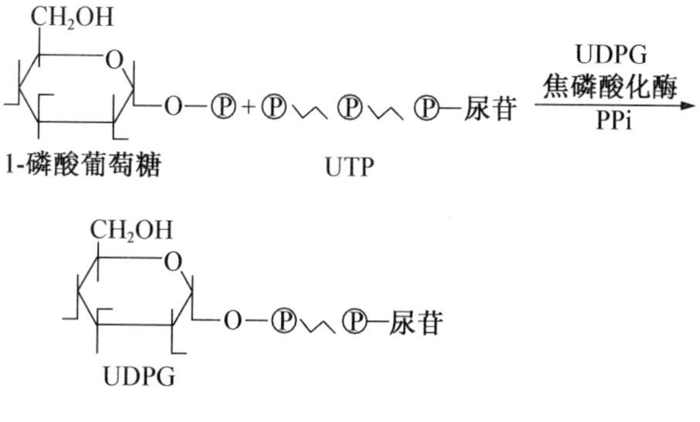

4. 从 UDPG 合成糖原

UDPG 中的葡萄糖单位在糖原合成酶作用下,转移到细胞内原有的较小的糖原引物上,在非还原端以 α-1,4-糖苷键连接。每反应一次,糖原引物上即增加一个葡萄糖单位。糖原引物是在一种被称为糖原引物蛋白(glycogenin)分子上形成的,这种蛋白质能对其自身进行共价修饰,即它的分子中第 194 位酪氨酸残基的酚羟基被糖基化,形成葡聚糖链,作为糖原合成时 UDPG 中葡萄糖基的接受体,此接受体即为糖原引物。

$$\text{UDPG}+\text{糖原引物}(\text{G}n^*) \xrightarrow{\text{糖原合成酶}} \text{UDP}+\text{糖原}(\text{G}n+1)$$

$*\,n$ 表示糖原引物中葡萄糖数目

5. 形成分支

糖原合成酶只能催化形成 α-1,4-糖苷键,当糖链长度达到 12～18 个葡萄糖残基时,由分支酶使末端含 6～7 个葡萄糖的糖链转移,以 α-1,6-糖苷键连接,形成分支。由糖原合成酶与分支酶催化的反应不断进行,使作为引物的糖原分子不断延长,并增加新的分支(图 5-10)。

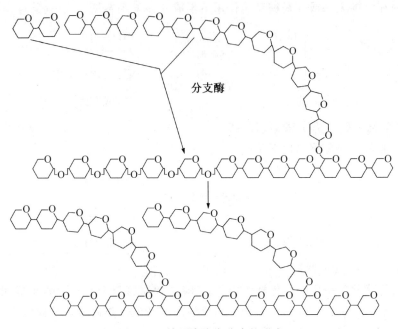

图 5-10　糖原合成中分支的形成

(二) 糖原合成反应的特点

1. 糖原合成的反应部位在胞浆(肌肉/肝脏);关键酶是糖原合成酶;原料：G(葡萄糖)、UDP、ATP;产物是 Gn,生理意义是储存能量。

2. 糖原合酶催化的糖原合成反应不能从头开始,需要至少含 4 个葡萄糖残基的 α-1,4-葡聚糖作为引物。

3. 糖原合成酶是糖原合成过程的限速酶,其活性受共价修饰和变构的调节。

4. UDPG 是活泼葡萄糖基的直接供体,其生成过程中要消耗 ATP 和 UTP,在糖原引物上每增加 1 个新的葡萄糖单位,要消耗 2 个高能磷酸键。

5. 葡萄糖进入细胞合成糖原过程中,伴有 K^+ 转移入细胞,使血 K^+ 趋于降低。因此,输注胰岛素和大量葡萄糖时,要注意防止出现低血钾。据此,血钾过高的患者,也可采用输注葡萄糖和少量胰岛素的方法降低血钾。

二、糖原的分解代谢

肝糖原分解为葡萄糖以补充血糖的过程,称为糖原分解。肌糖原不能分解为葡萄糖,只能进行糖酵解或有氧氧化。

（一）糖原分解代谢过程

1. 糖原分解为 1-磷酸葡萄糖

从糖原分子的非还原端开始，由磷酸化酶催化 α-1,4-糖苷键分解，逐个生成 1-磷酸葡萄糖。如图 5-11 所示。

上述反应不断进行，α-1,4-糖苷键逐渐被水解，糖原分子逐渐变小，直至距糖原分支部位 4 个葡萄糖单位为止。

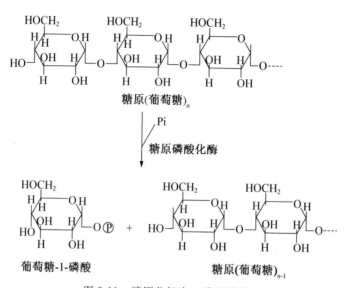

图 5-11　糖原分解为 1-磷酸葡萄糖

2. 脱掉分支

当反应进行到葡萄糖链距分支处只剩 4 个葡萄糖单位时，脱支酶（转移酶）将 3 个葡萄糖单位转移到其他分支的非还原未端，以 α-1,6-糖苷键相连的最后一个葡萄糖继续由脱支酶水解生成游离的葡萄糖。如图 5-12 所示。

至此，在磷酸化酶与脱支酶的协同和反复作用下，完成糖原分解过程。

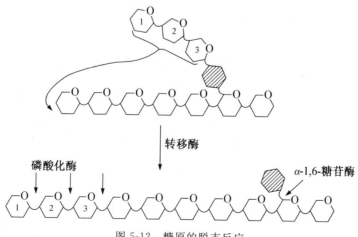

图 5-12　糖原的脱支反应

3. 1-磷酸葡萄糖在变位酶作用下转变为 6-磷酸葡萄糖

1-磷酸葡萄糖　　　　　6-磷酸葡萄糖

4. 6-磷酸葡萄糖在葡萄糖-6-磷酸酶作用下水解为葡萄糖

葡萄糖-6-磷酸酶只存在于肝脏和肾脏,肌肉组织中无此酶,因此肌糖原不能分解为葡萄糖,而只有肝、肾组织中的糖原能够分解为葡萄糖。

6-磷酸葡萄糖　　　　　　　　葡萄糖

在空腹和饥饿(10～12h)时,肝糖原分解为葡萄糖释放入血,以维持血糖浓度恒定。糖原分解时,伴有细胞内 K^+ 的释放。

（二）糖原分解的特点

1. 水解反应在糖原的非还原端进行;

2. 是一非耗能过程;

3. 关键酶是糖原磷酸化酶(glycogen phosphorylase),为一共价修饰酶,其辅酶是磷酸吡哆醛。

（三）糖原合成与分解的调节

糖原的合成与分解对维持血糖浓度的恒定具有重要作用。糖原合成酶和糖原磷酸化酶分别是糖原合成与分解代谢中的限速酶,它们在体内均有无活性型(糖原合酶 b 和磷酸化酶 b)和有活性型(糖原合酶 a 和磷酸化酶 a)两种形式,可受到共价修饰调节和变构调节的双重影响。

1. 共价修饰调节

当机体受到某些因素影响(如血糖浓度下降、剧烈运动)时,引起肾上腺素、胰高血糖素分泌增加。两者与肝脏或肌肉等组织细胞膜上的特异性受体结合,通过 G 蛋白介导活化腺苷酸环化酶,使 cAMP 生成增加,cAMP 又使依赖 cAMP 的蛋白激酶 A 活化。活化的蛋白激酶 A 一方面使有活性的糖原合成酶 a 磷酸化为无活性的糖原合成酶 b,使糖原合成过程减弱;另一方面使无活性的磷酸化酶 b 激酶磷酸化转变为有活性的磷酸化酶 b 激酶,后者进一步使无活性的糖原磷酸化酶 b 磷酸化转变为有活性的磷酸化酶 a,使糖原分解增强。这种调节的最终结果是抑制糖原合成,促进糖原分解,使肝糖原分解为葡萄糖释放入血,补充血糖浓度,肌糖原分解产生能量用于肌肉收缩(图 5-13)。通过这种双向的精细调节,使代谢状态和生理机能保持一致。

胰岛素促进糖原合成,抑制糖原分解,其机理可能是通过激活磷酸二酯酶加速 cAMP 的分解,抑制了蛋白激酶 A 的活性。

Ca^{2+} 的升高可引起肌糖原分解增加。当神经冲动引起胞液内 Ca^{2+} 升高时,Ca^{2+} 激活磷酸化

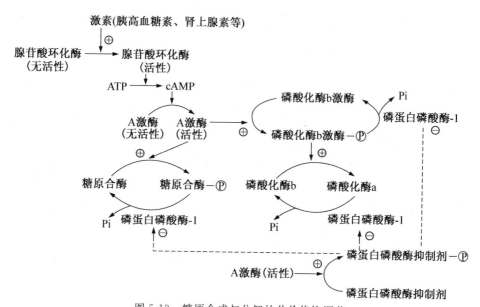

图 5-13 糖原合成与分解的共价修饰调节

酶 b 激酶,促进磷酸化酶 b 磷酸化而变成磷酸化酶 a,加速糖原分解,以利肌收缩时获得能量。

前述被磷酸化的各种酶包括无活性的糖原合成酶 b、有活性的磷酸化酶 b 激酶和磷酸化酶 a,其去磷酸化由磷蛋白磷酸酶-1 催化,去磷酸化以后,这些酶的活性即发生相反的变化。磷蛋白磷酸酶-1 的活性受细胞内一种磷蛋白磷酸酶抑制剂的调节,当两者结合后酶的活性受到抑制。而这种抑制剂本身也受蛋白激酶 A 的调控。蛋白激酶 A 催化其磷酸化后由无活性型转变为有活性型。

2. 变构调节

6-磷酸葡萄糖是糖原合成酶 b 的变构激活剂:当血糖水平增高,进入细胞的葡萄糖增多,6-磷酸葡萄糖生成增加,促使糖原合成酶 b 转变为糖原合成酶 a,加速糖原合成。

AMP 是磷酸化酶 b 的变构激活剂:当细胞内能量供应不足,AMP 浓度升高时,促进糖原分解。而 ATP 和葡萄糖是磷酸化酶 a 的别构抑制剂,当细胞内能量充足,ATP 浓度升高,或血糖升高时,抑制糖原分解。

第六节 糖异生

由非糖物质转变为葡萄糖或糖原的过程称为糖异生。非糖物质:乳酸、甘油、生糖氨基酸等。糖异生代谢途径主要存在于肝及肾脏中。

一、糖异生的基本过程

糖异生途径基本上是糖酵解的逆过程,但并不完全相同。糖酵解途径中大多数催化反应是可逆,只有己糖激酶(糖酵解反应 1)、6-磷酸果糖激酶-1(糖酵解反应 4)和丙酮酸激酶(糖酵解反应 11)所催化的三步反应均为不可逆的步骤,在糖异生过程中这些步骤将被别的旁路反应所代替。

（一）丙酮酸转变为磷酸烯醇型丙酮酸

$$丙酮酸 \xrightarrow[\text{丙酮酸羧化酶}]{} 草酰乙酸 \xrightarrow[]{\text{磷酸烯醇式丙酮酸羧激酶}^{*}} 磷酸烯醇式丙酮酸$$

（二）1,6-双磷酸果糖转变为 6-磷酸果糖

$$1,6\text{-双磷酸果糖} \xrightarrow[]{\text{果糖双磷酸酶}^{*}} 6\text{-磷酸葡萄糖}$$

（三）6-磷酸葡萄糖转变为游离葡萄糖

$$6\text{-磷酸葡萄糖} \xrightarrow[]{\text{葡萄糖-6-磷酸酶}} 葡萄糖$$

注：＊表示糖异生的限速酶

糖异生反应的细胞位点为胞浆和线粒体（肝脏）；关键酶是葡萄糖-6-磷酸酶、果糖双磷酸酶、丙酮酸羧化酶/磷酸烯醇式丙酮酸羧激酶；反应原料是甘油/丙酮酸/乳酸/生糖氨基酸等；产物为葡萄糖；每生成一分子葡萄糖消耗六个高能磷酸键。糖异生途径见图 5-14。

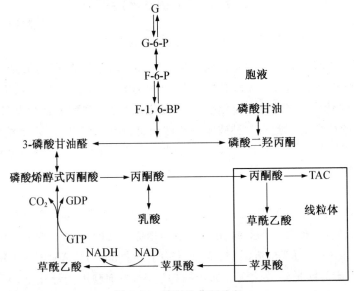

图 5-14　糖异生作用途径

二、乳酸循环（Cori 循环）

激烈运动时，肌肉收缩通过糖酵解生成大量乳酸。肌肉内糖异生活性低，所以乳酸通过细胞膜弥散进入血液后，再进入肝，先氧化成丙酮酸，然后经过糖异生作用转变为葡萄糖或糖原。葡萄糖释入血液后又可被肌肉摄取，构成一个循环，称为乳酸循环（图 5-15）。

乳酸循环是耗能的过程，2 分子乳酸异生成葡萄糖需要消耗 6 分子 ATP。

乳酸循环的生理意义在于避免损失乳酸以及防止乳酸堆积引起酸中毒，既回收了乳酸中的能量，又重新积累了储存的糖原，对身体能量的利用很有意义。

三、糖异生的生理意义

（一）维持血糖浓度恒定

实验证明，体内储存的糖原有限，禁食 12~24h 后，肝糖原耗尽，糖异生显著增强，成为血

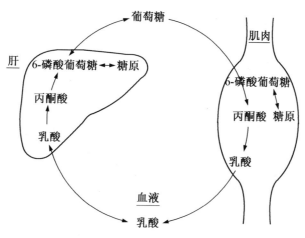

图 5-15 乳酸循环作用途径

糖的主要来源,维持血糖水平正常。

（二）补充肝糖原

由于肝葡萄糖激酶 K_m 值高,摄取葡萄糖能力弱,即便进食以后也有相当一部分葡萄糖是先分解成丙酮酸、乳酸等三碳化合物,再异生成糖原,此途径称为糖原合成的三碳途径。

（三）调节酸碱平衡

在剧烈运动或某些原因导致缺氧时,肌糖原酵解产生大量乳酸,引起组织 pH 降低,通过乳酸循环的糖异生作用,在肝脏将酸性的乳酸转变为中性的葡萄糖,防止酸中毒。

第七节 血 糖

一、血糖的来源和去路

血糖指血液中的葡萄糖,其正常水平相对恒定,维持在 $3.89\sim6.11\,\mathrm{mmol/L}$ 之间。血糖有多条来源和去路途径,如图 5-16 所示。

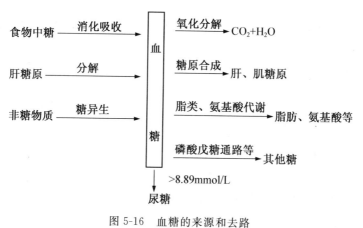

图 5-16 血糖的来源和去路

二、血糖的调节

血糖浓度相当恒定,这源于机体高效率的调节血糖浓度。通过严格控制血糖的来源和去路,使得血糖浓度处于动态平衡。

1. 组织器官代谢调节

肝脏是调节血糖浓度的主要器官。肝脏具有参与糖代谢的各种酶,当血糖浓度因进食而升高时,血中大量的糖进入肝脏合成肝糖原。当血糖浓度降低时,肝糖原又可分解为葡萄糖或通过糖异生合成葡萄糖,以补充血糖

2. 神经系统对血糖浓度的调节

神经系统特别是其高级部位,可直接通过神经末梢释放递质或间接通过支配内分泌腺分泌激素,以影响与调节全身糖的代谢。激动时,中枢神经系统将兴奋传至肝脏,促使肝糖原分解为葡萄糖释放到血中,使血糖浓度升高。

3. 激素对血糖浓度的调节

激素对血糖浓度及糖代谢的调节起着重要作用,多种激素参与血糖浓度的调节。一类是降低血糖的激素即胰岛素;一类升高血糖的激素有胰高血糖素、肾上腺素、肾上腺皮质激素、生长素与甲状腺素。这两类激素作用的途径和效果虽各不相同,但它们互相协调又互相制约,通过改变体内糖代谢方向以调节血糖浓度。

[知识扩展] 1. 胰岛素 胰岛素是胰岛 β 细胞分泌的一种蛋白质激素,是体内唯一的降血糖激素。它的分泌受血糖浓度的调节,血糖升高即引起胰岛素的分泌,血糖降低则分泌减少。其主要调节作用是:

(1) 胰岛素促进肌肉,脂肪组织细胞膜载体转运葡萄糖进入细胞;

(2) 胰岛素诱导糖原合成酶的生成,同时还能抑制糖原磷酸化酶作用,因此它既能促进糖原合成又能减少糖原分解;

(3) 诱导分解利用血糖的关键酶的合成,从而加速糖的利用;

(4) 胰岛素抑制糖异生关键酶的活性,以抑制糖异生;

(5) 抑制脂肪动员。

2. 胰高血糖素 胰高血糖素是胰岛 α 细胞分泌的一种多肽激素,是升血糖激素。主要作用为:

(1) 促进肝糖原分解,血糖升高;

(2) 抑制糖酵解,促进糖异生,使非糖物质(丙酮酸、乳酸和氨基酸等)迅速异生为糖;

(3) 加速脂肪动员。

3. 糖皮质激素 糖皮质激素是肾上腺皮质分泌的类固醇激素,可引起血糖升高。主要作用为:

(1) 抑制肝外组织自血液中吸取葡萄糖,并能促进肌肉中蛋白质的分解,产生的氨基酸是糖异生的原料。

(2) 促进糖异生关键酶的合成,从而促进糖异生。

4. 肾上腺素 肾上腺素是强有力的升血糖激素,主要在应激状态下发挥作用,对血糖浓度的调节与胰高血糖素相似。可促进肝糖原分解,还促进肌糖原经糖酵解分解成乳酸,乳酸是糖异生的原料,可间接升高血糖。

5. 生长素　生长素主要表现为对抗胰岛素的作用，使血糖浓度升高。

三、血糖水平异常

空腹血糖浓度高于 7.22～7.78mmol/L 称为高血糖（hyperglycemia）。空腹血糖浓度低于 3.33～3.89mmol/L 称为低血糖（hypoglycemia）。

（一）生理性高血糖与糖尿

在生理情况下，血糖超过肾糖阈［血糖浓度高于（8.89～10.00mmol/L）］时出现的糖尿，属生理性糖尿（glucosuria）。如情绪激动时，交感神经兴奋或一次进食大量葡萄糖后出现糖尿，分别称为情感性糖尿和饮食性糖尿。

（二）病理性高血糖及糖尿病

糖尿病（diabetes）是一组病因和发病机理尚未完全阐明的内分泌代谢性疾病，以高血糖为其主要标志。

常见于内分泌机能紊乱，如胰岛 β 细胞损害引起胰岛素分泌不足。糖尿病可分为胰岛素依赖型（Ⅰ型）和非胰岛素依赖型（Ⅱ型）两类，Ⅱ型糖尿病有更强的遗传性，胰岛素受体基因缺陷已被证实是其诱因之一，我国患者以此类居多。

此外还有一些继发性糖尿病。大都继发于胰岛组织广泛破坏的疾病，如胰腺炎、胰腺切除后等，或由于引起胰岛素拮抗的激素分泌过多的疾病，如，甲状腺功能亢进、肢端肥大症、皮质醇增多症等。

（三）肾性糖尿

由于肾脏疾患，如慢性肾炎、肾病综合征等引起肾小管重吸收功能减弱，重吸收葡萄糖能力下降，导致肾糖阈下降，但血糖水平与耐糖曲线正常，由此出现的糖尿称为肾性糖尿。孕妇有时也会有暂时性肾糖阈降低而出现肾性糖尿。

（四）低血糖

血糖是大脑能量的主要来源，低血糖时影响脑的正常功能，出现头昏、心悸、饥饿感及出冷汗等现象，严重时患者出现昏迷，称为低血糖休克，如不及时补充血糖可导致死亡。

低血糖常见的原因有：进食不足、内分泌功能紊乱，如胰岛素 β-细胞机能亢进、胰岛素分泌过多；肝脏疾病，如肝炎、肝硬化等引起的肝功能不良也可造成血糖浓度低下。

四、耐量曲线

正常人体血糖水平维持动态平衡，即使食入大量葡萄糖，体内血糖水平也不会出现大的波动和持续升高，这种人体对摄入的葡萄糖具有很高的耐受能力的现象称为耐糖现象。对葡萄糖的耐受能力称为葡萄糖耐量（glucose tolerence），它反映机体调节糖代谢的能力。

临床上常用葡萄糖耐量试验鉴定机体利用葡萄糖的能力，常用的检查方法是先测定病人空腹血糖浓度，然后一次服用100g葡萄糖（或按每公斤体重1.5～1.75g），而后隔0.5h、1h、2h和3h分别采血测血糖值。以时间为横坐标，血糖浓度为纵坐标作图，得到的曲线叫做耐糖曲线（图5-17）。

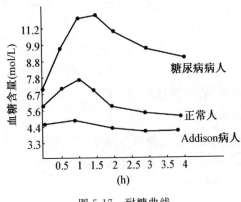

图 5-17　耐糖曲线

　　在临床上可根据耐糖曲线诊断某些与糖代谢有关的疾病,结合尿糖检查可估计病人的肾糖阈。此外还可结合血清胰岛素水平检测、估计糖尿病病情和判断类型。

第六章

脂 代 谢

第一节 脂类分子特性

一、脂类的定义和分类

脂类(lipids)是一类不溶于水而溶于有机溶剂的生物分子。生物脂类是一类范围很广的化合物,化学成分及结构差异极大,脂类定义的特点就是水不溶性(water insoluble)(即脂溶性,fat-soluble),因此,多数脂类都易溶于乙醚、氯仿、己烷、苯等有机溶剂,而不溶于水。脂类包括脂肪(fat)和类脂(lipoid)及其它们的衍生物。脂肪即三脂酰甘油(triacylglycerol)或称甘油三酯;类脂主要包括磷脂、糖脂和固醇及其酯。

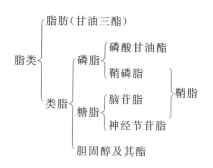

二、脂类的功能

脂类的主要功能有:① 脂肪和油是很多生物主要的能量贮存形式;② 磷脂及固醇组成了生物膜约一半的成分;③ 有些脂类虽然数量相对较低,但在酶的辅助因子、电子载体、光吸收色素、疏水稳定体、乳化剂、激素及细胞间信息等方面都起着关键作用;④ 还有些脂类有防止机械损伤及防止热量散发的保护作用。

三、脂肪酸和甘油三酯

(一)脂肪酸(fatty acids)

脂肪酸是指碳链为 4～36 碳的碳氢化合物的羧酸,一些脂肪酸中的碳链为饱和的不分支脂肪酸,而另一些脂肪酸中的碳链则含有一个或多个双键,也有一些含有三碳的环或含有羟基。

其中的亚油酸(linoleic acid)、亚麻酸(linolenic acid)和花生四烯酸(arachidonic acid)等脂肪酸是机体需要,但自身不能合成,必须靠食物(需从植物油摄取)提供的一些多烯脂肪酸,称为人体必需脂肪酸(essential fatty acids)。必需脂肪酸是前列腺素(prostaglandins)、血栓噁烷(thromboxane)和白三烯(leukotrienes)等生理活性物质的前体。

(二)甘油三酯(triacylglycerols, tryglycerides)

脂肪酸与甘油形成的最简单的脂类是甘油三酯,也称为三脂酰甘油、脂肪(fats)或中性脂肪(neutral fats)(图 6-1)。甘油与单个脂肪酸所形成的脂称为甘油单酯(单脂酰甘油,monoglyceride,monoacylglycerol),与 2 个脂肪酸形成的酯称为甘油二酯(二脂酰甘油,diglyceride,diacylglycerol)。

甘油酯中脂肪酸为同一脂肪酸的为单纯甘油酯(simple glycerides),脂肪酸有两种或两种以上的为混合甘油酯(mixed glycerides)。

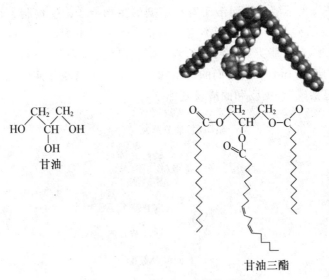

图 6-1 甘油和甘油三酯结构示意图

(三)脂肪和油(fats and oils)

天然甘油酯多为混合甘油酯,形成甘油酯的脂肪酸种类很多,可以是饱和的,也可以是不饱和的,含不饱和脂肪酸较多的甘油酯室温下为液体,被称为油(oil);含饱和脂肪酸较多的甘油酯室温下为固体,被称为脂肪(fat);前者多见于植物体,后者多见于动物体。

(四)甘油三酯储存能量和保温

真核细胞中,甘油三酯在水相介质中成微小油滴状独立结构,作为代谢燃料储存于细胞中。脊椎动物中这些特化的细胞被称为脂肪细胞(adipcytes 或 fat cells)。甘油三酯还储存在多种植物的种子中,提供种子萌发时所需能量及生物合成的前体物质。

甘油三酯因碳链长且还原度高较糖储存的能量更多(二倍),由于甘油三酯是疏水性的,因而不会因结合水而被"稀释",属于高浓度燃料。人体脂肪组织约有 $15\sim20$ kg 甘油酯,足够数月的能量供应,相反人体可能只储存少于一天人体所需能量的糖原。

一些动物中,皮下储存的甘油酯不仅是一种能量,还可对处于极低温度的生物体产生保温作用,海豹、海象、企鹅及热血的极地动物都被非常丰厚的甘油酯所覆盖,冬眠的动物(如熊)在冬眠前要积累大量的脂肪,既能储存能量,又有保温作用。

第二节 脂类的消化吸收

食物中的脂类主要是三脂酰甘油、少量磷脂和胆固醇(酯)等。由于脂类不溶于水,脂类在肠道内的消化需要借助胆汁中的胆汁酸盐的乳化作用降低油水两相间的表面张力使食物中的脂类乳化并分散为细微脂滴,增加各种相关的消化酶与脂质的接触面积,促进脂类消化吸收。

一、甘油三酯的水解

小肠上段是脂类消化的主要场所,消化后吸收的主要部位是十二指肠下段及空肠上段,胰脂肪酶催化三脂酰甘油水解生成游离脂肪酸和甘油。

胰脂肪酶的作用需辅脂酶和胆汁酸盐的协助,辅脂酶能与胰脂肪酶和胆汁酸盐结合,使胰脂肪酶能吸附在微团的水油界面上,有利于胰脂肪酶对三脂酰甘油的水解。

$$三酰甘油 \xrightarrow[H_2O \quad 脂肪酸]{三酰甘油脂肪酶} 二酰甘油 \xrightarrow[H_2O \quad 脂肪酸]{二酰甘油脂肪酶} 单酰甘油 \xrightarrow[H_2O \quad 脂肪酸]{单酰甘油脂肪酶} 甘油$$

二、类脂的水解

(一)胆固醇酯的水解

游离胆固醇(cholesterol,Ch)可直接被肠黏膜细胞吸收,但胆固醇酯必须经胰胆固醇酯酶水解为胆固醇后才能被吸收。

$$胆固醇酯 + H_2O \xrightarrow{胰胆固醇酯酶} 胆固醇 + 脂肪酸$$

(二)磷脂的水解

胰磷脂酶 A_2 催化磷脂水解生成溶血磷脂和游离脂肪酸

$$
\begin{array}{c}
CH_2OCOR \\
| \\
R'COOCH \\
| \\
CH_2O-\text{℗}-X \\
磷脂
\end{array}
\xrightarrow{磷脂酶A_2}
\begin{array}{c}
CH_2OCOR \\
| \\
CHOH \\
| \\
CH_2O-\text{℗}-X \\
溶血磷脂
\end{array}
+R'COOH
$$

第三节 甘油三酯的分解代谢

一、脂肪动员

（一）脂肪动员过程

储存于脂肪细胞中的甘油三酯在激素敏感脂肪酶（hormone sensitive tri-glyceride lipase, HSL）的催化下水解并释放出脂肪酸，供给全身各组织细胞摄取利用的过程称为脂肪动员。

$$
\begin{array}{c}
\text{CH}_2\text{OCOR} \\
| \\
\text{R}'\text{COOCH} \\
| \\
\text{CH}_2\text{OCOR}'' \\
\text{三酰甘油}
\end{array}
\xrightarrow[\text{H}_2\text{O} \quad \text{RCOOH}]{\text{三酰甘油脂肪酶}}
\begin{array}{c}
\text{CH}_2\text{OH} \\
| \\
\text{R}'\text{COOCH} \\
| \\
\text{CH}_2\text{OCOR}'' \\
\text{二酰甘油}
\end{array}
\xrightarrow[\text{H}_2\text{O} \quad \text{R}''\text{COOH}]{\text{二酰甘油脂肪酶}}
$$

$$
\begin{array}{c}
\text{CH}_2\text{OH} \\
| \\
\text{R}'\text{COOCH} \\
| \\
\text{CH}_2\text{OH} \\
\text{单酰甘油}
\end{array}
\xrightarrow[\text{H}_2\text{O} \quad \text{R}'\text{COOH}]{\text{单酰甘油脂肪酶}}
\begin{array}{c}
\text{CH}_2\text{OH} \\
| \\
\text{CHOH} \\
| \\
\text{CH}_2\text{OH} \\
\text{甘油}
\end{array}
$$

三脂酰甘油脂肪酶起决定作用，是脂肪动员的限速酶。

（二）脂肪动员的结果

1. 脂肪动员的结果是生成 3 分子的自由脂肪酸（free fatty acid, FFA）和 1 分子的甘油。

2. 脂肪动员生成的甘油主要转运至肝脏再磷酸化为 3-磷酸甘油后进行代谢。

3. 甘油可在血液循环中自由转运，而脂肪酸进入血液循环后须与清蛋白结合成为复合体再转运。

二、甘油的代谢

在脂肪细胞中，因为没有甘油激酶，所以不能利用脂肪分解产生的甘油，只有通过血液循环运输至肝、肾、肠等组织利用。在甘油激酶（glycerokinase）作用下，转变为 3-磷酸甘油，然后脱氢生成磷酸二羟丙酮，再循糖代谢途径进行氧化分解释放能量，也可在肝沿糖异生途径转变为葡萄糖或糖原。

1. 甘油在甘油磷酸激酶的催化下，磷酸化为 3-磷酸甘油：

$$3\text{-磷酸甘油} + \text{ADP} \longrightarrow \text{甘油} + \text{ATP}$$

2. 3-磷酸甘油在 3-磷酸甘油脱氢酶的催化下，脱氢氧化为磷酸二羟丙酮：

$$\text{磷酸二羟丙酮} + \text{NADH} + \text{H}^+ \longrightarrow 3\text{-磷酸甘油} + \text{NAD}^+$$

三、脂肪酸的氧化

（一）脂肪酸的活化——生成脂酰 CoA

脂肪酸在氧化分解前，必须先转变为活泼的脂酰 CoA。内质网和线粒体外膜上的脂酰 CoA 合成酶（acyl-CoA synthetase）在 ATP、CoASH、Mg^{2+} 参与下，催化脂肪酸活化形成脂酰 CoA。

$$脂酰\sim SCoA + AMP + PPi \xrightarrow[\quad Mg^{2+}\quad]{脂酰 CoA 合成酶} 脂肪酸 + ATP + CoASH$$

每分子脂肪酸在活化反应中实际消耗 2 个高能磷酸键。

（二）脂酰 CoA 进入线粒体

脂肪酸的活化在胞液中进行，而催化脂肪酸氧化分解的酶系存在于线粒体的基质内，因此活化的脂酰 CoA 必须进入线粒体内才能代谢。长链的脂酰 CoA 不能直接透过线粒体内膜，需依靠特殊的运送机制将它们转运进入线粒体（图 6-2）。肉（毒）碱［carnitine，L-$(CH_3)_3N^+CH_2CH(OH)CH_2COO^-$，L-β 羟-γ-三甲氨基丁酸］是脂酰基的转运载体。

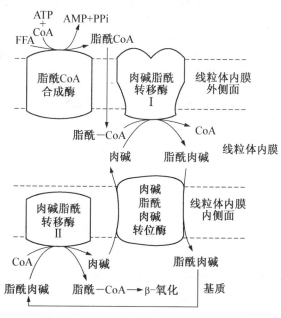

图 6-2　长链脂酰 CoA 进入线粒体机制

肉碱脂酰转移酶Ⅰ是脂肪酸氧化的限速酶，脂酰 CoA 进入线粒体是脂肪酸氧化的主要限速步骤。机体在饥饿、高脂低糖膳食或糖尿病时，糖利用下降而需要脂肪酸供能，此时肉碱脂酰转移酶Ⅰ活性增加，脂肪酸氧化增加。反之，饱食后脂肪合成及丙二酰 CoA 增加，后者抑制限速酶活性，脂肪酸的氧化分解减弱。

（三）脂肪酸的 β-氧化

脂酰 CoA 在线粒体基质中，被疏松结合在一起的脂酸 β-氧化多酶复合体催化，脂酰基的 β 碳原子发生氧化，经脱氢、水化、再脱氢、硫解 4 步连续反应，生成 1 分子乙酰 CoA 和 1 分子比原来少 2 个碳原子的脂酰 CoA（图 6-3）。

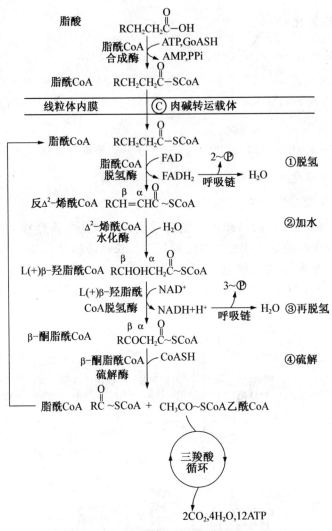

图 6-3 脂肪酸的 β-氧化过程

1. 脱氢

脂酰 CoA 在脂酰 CoA 脱氢酶催化下，α、β 碳原子各脱下一个氢原子生成反 Δ^2 烯脂酰 CoA。FAD 接受这对氢原子生成 $FADH_2$。

2. 水化

反 Δ^2 烯脂酰 CoA 在 Δ^2 烯脂酰水化酶的催化下，加水生成 L(＋)-β-羟脂酰 CoA。

3. 再脱氢

L(＋)-β-羟脂酰 CoA 在 β-羟脂酰 CoA 脱氢酶的催化下，在 β 碳原子上脱去 2 个氢原子，生成 β-酮脂酰 CoA，NAD^+ 接受脱下的这对氢原子生成 $NADH+H^+$。

4. 硫解

β-酮脂酰 CoA 在 β-酮脂酰 CoA 硫解酶的催化下，α 与 β 碳原子间发生断裂，1 分子 CoASH 参与反应，生成 1 分子乙酰 CoA 和少了 2 个碳原子的脂酰 CoA。

以上生成的比原来少 2 个碳原子的脂酰 CoA，可再进行 β-氧化，如此反复进行，直至生成 4 碳的丁酰 CoA，后者进行最后一次 β-氧化，将 1 分子脂酰 CoA 全部分解为乙酰 CoA，完成

β-氧化全过程。

脂肪酸经 β-氧化生成的乙酰 CoA,在线粒体内可与其他代谢途径生成的乙酰 CoA 一起进入三羧酸循环,充分氧化成水和 CO_2,还可以转变为其他代谢的中间产物(如酮体、胆固醇等)。

（四）脂肪酸 β-氧化的特点

1. β-氧化过程在线粒体基质内进行;

2. β-氧化为一循环反应过程,由脂肪酸氧化酶系催化,反应不可逆;

3. 需要 FAD、NAD、CoA 为辅助因子;

4. 每循环一次,生成 1 分子 $FADH_2$,1 分子 NADH,1 分子乙酰 CoA 和 1 分子减少两个碳原子的脂酰 CoA。

5. 脂肪酸氧化分解是体内重要的能量来源。以软脂酸(16：0)为例,总反应式如下：

$$CH_3(CH_2)_{14}CO\sim SCoA+7HSCoA+7FAD+7NAD^++7H_2O \longrightarrow 8CH_3CO\sim CoA+7FADH_2+7NADH+H^+$$

软脂酰 CoA 需经 7 次 β-氧化,分解生成 8 分子乙酰 CoA、$7FADH_2$、$7NADH+H^+$。因此 1 分子软脂酰 CoA 氧化共产生$(7\times2)+(7\times3)+(8\times12)=131ATP$,减去软脂酸活化时消耗的 2 个高能磷酸键(相当于 2 个 ATP),净生成 129 分子 ATP。

四、酮体的生成和氧化利用

脂肪酸在肝外组织生成的乙酰 CoA 能彻底氧化成水和 CO_2,而肝细胞因具有活性较强的合成酮体(ketone body)的酶系,β-氧化生成的乙酰 CoA 大都转变为乙酰乙酸、β-羟丁酸和丙酮等中间产物,这三种物质统称为酮体。

（一）酮体的生成

酮体在肝细胞线粒体内合成,原料为乙酰 CoA,反应分三步进行。

1. 在肝线粒体乙酰乙酰 CoA 硫解酶的催化下,2 分子乙酰 CoA 缩合生成乙酰乙酰 CoA,并释放出 1 分子 CoASH。

2. 在羟甲基戊二酸单酰 CoA 合成酶(HMGCoA 合成酶)的催化下,乙酰乙酰 CoA 再与 1 分子乙酰 CoA 缩合生成 β-羟基-β-甲基戊二酸单酰 CoA (3-hydroxy-3-methyl glutarylCoA, HMG-CoA),并释放出 1 分子 CoASH。HMGCoA 合成酶是酮体合成的限速酶。

3. 在 HMG-CoA 裂解酶的催化下,HMG-CoA 裂解生成乙酰乙酸,同时释放出 1 分子 CoASH。

乙酰乙酸在 β-羟丁酸脱氢酶催化下,由 NADH+H$^+$ 供氢,被还原生成 β-羟丁酸,或脱羧生成丙酮。(图 6-4)。

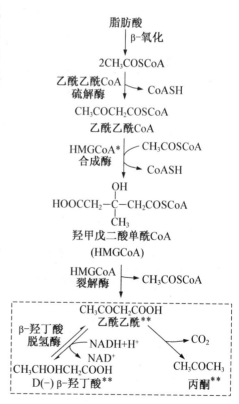

图 6-4 肝内酮体的生成

* HMGCoA 合成酶为酮体生成限速酶

** 酮体的组成

（二）酮体的氧化利用

肝线粒体含有酮体合成酶系,但氧化酮体的酶活性低,因此肝脏不能利用酮体。酮体在肝内生成后,经血液运输至肝外组织氧化分解(图 6-5)。

肝外组织中含有活性很强的氧化利用酮体的酶,能将酮体转变为乙酰 CoA,经三羧酸循环彻底氧化成水和 CO_2,并释放大量能量。

1. 琥珀酰 CoA 转硫酶

在心、肾、脑和骨骼肌线粒体中,乙酰乙酸和琥珀酰 CoA 在此酶的催化下,生成乙酰乙酰 CoA 和琥珀酸。

$$CH_3COCH_2COOH + HOOCCH_2CH_2CO \sim CoA \xrightarrow{\text{琥珀酰 CoA 转硫酶}} CH_3COCH_2CO \sim CoA + HOOCCH_2CH_2COOH$$

2. 乙酰乙酸硫激酶

在肾、心、脑线粒体中,乙酰乙酸和 CoASH 在此酶的催化下生成乙酰乙酰 CoA,反应由 ATP 供能。

$$CH_3COCH_2CO \sim CoA + AMP + PPi \xleftarrow{\text{乙酰乙酸硫激酶}} CH_3COCH_2COOH + HSCoA + ATP$$

3. 乙酰乙酰 CoA 硫解酶

在心、肾、脑和骨骼肌线粒体中,乙酰乙酰 CoA 和 CoASH 在此酶的催化下,生成 2 分子乙酰 CoA。

$$2CH_3CO \sim CoA \xleftarrow{\text{乙酰乙酰 CoA 硫解酶}} CH_3COCH_2CO \sim CoA + HSCoA$$

4. β-羟丁酸脱氢酶

此酶以 NAD^+ 为辅酶,催化 β-羟丁酸脱氢生成乙酰乙酸,然后再转变为乙酰 CoA 被进一步氧化分解。

$$CH_3COCH_2COOH + NADH + H^+ \xleftarrow{\text{β-羟丁酸脱氢酶}} CH_3CH(OH)CH_2COOH + NAD^+$$

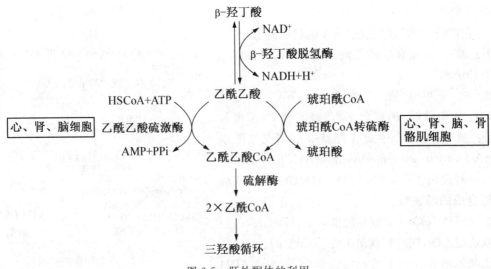

图 6-5 肝外酮体的利用

丙酮量少,在体内可转变为丙酮酸或乳酸,经糖异生而生成糖。

（三）酮体代谢的生理意义

酮体是脂肪酸在肝内正常代谢的中间产物,是生理情况下肝脏向外输出能源的形式之一。因为脑组织不能氧化脂肪酸,但能分解利用酮体,所以当饥饿或糖供应不足时,脂肪动员,肝脏将脂肪酸转变为酮体,酮体分子小,水溶性大,易透过血-脑屏障和毛细血管壁,成为脑组织和肌肉组织的主要能量来源,同时也能减少作为糖异生原料的肌肉蛋白质的分解。

第四节　甘油三酯的合成代谢

脂肪主要储存于脂肪组织中,当摄入的供能物质大于自身能量消耗时,体重就会增加,这是因为体内脂肪合成并被储存。人体内多数组织均能合成脂肪,但主要是在肝脏和脂肪组织。肝脏合成脂肪的能力比脂肪组织大 8～9 倍,是合成脂肪的主要场所。脂肪组织既是储存脂肪的仓库,也能合成脂肪。脂肪酸除来自食物外,在体内主要由糖转变而来。脂肪酸合成不是 β-氧化的逆过程,而是由胞液中的脂肪酸合成酶系催化完成。

一、脂肪酸的生物合成

（一）合成原料

合成脂肪酸的主要原料是乙酰 CoA,主要来自葡萄糖。细胞内的乙酰 CoA 全部在线粒体内产生,而合成脂肪酸的酶系位于胞液。线粒体内的乙酰 CoA 必须进入胞液才能成为合成脂肪酸的原料。此过程通过柠檬酸-丙酮酸循环完成（图 6-6）。此外,合成脂肪酸还需要 ATP、NADPH、CO_2、Mn^{2+} 等。

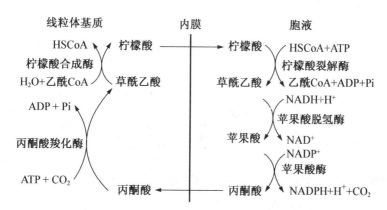

图 6-6　经柠檬酸-丙酮酸穿梭作用将线粒体内生成的乙酰 CoA 运至胞液

（二）脂肪酸合成过程

1. 丙二酰 CoA 的合成

进入胞液的乙酰 CoA 在乙酰 CoA 羧化酶催化下生成丙二酰 CoA。乙酰 CoA 羧化酶是脂肪酸合成的限速酶。反应过程如下：

$$酶\text{-}生物素 + HCO_3^- + ATP \rightarrow 酶\text{-}生物素—CO_2 + ADP + Pi$$
$$酶\text{-}生物素—CO_2 + 乙酰 CoA \rightarrow 酶\text{-}生物素 + 丙二酰 CoA$$

2. 软脂酸合成

脂肪酸合成时碳链的缩合延长过程是一循环反应过程。每经过一次循环反应,延长两个碳原子。合成反应由脂肪酸合成酶系催化。

在低等生物中,脂肪酸合成酶系是一种由 1 分子脂酰基载体蛋白(ACP)和 7 种酶单体所构成的多酶复合体;但在高等动物中,则是由一条多肽链构成的多功能酶,通常以二聚体形式存在,每个亚基都含有一 ACP 结构域。

在脂酸合成酶系内各种酶的催化下,依次进行酰基转移、缩合、还原、脱水、再还原等连续反应,每次循环脂酸骨架增加 2 个碳原子,7 次循环后即可生成 16 碳的软脂酸,经硫酯酶水解释出。

(1) 第一轮:

> ① -半胱—SH
> ② -泛—SH

① 乙酰基转移:由乙酰转移酶催化生成乙酰-半胱-E_1

$$
\begin{array}{l}
① \text{-半胱—S}-\overset{\displaystyle O}{\overset{\|}{C}}-CH_3 \\
② \text{-泛—SH}
\end{array}
$$

② 丙二酰基转移:生成丙二酰-泛-E_2

$$
\begin{array}{l}
① \text{-半胱—S}-\overset{\displaystyle O}{\overset{\|}{C}}-CH_3 \\
② \text{-泛—S}-\overset{\displaystyle O}{\overset{\|}{C}}-CH_2-COOH
\end{array}
$$

③ 缩合反应:β-酮丁酰-泛-E_2 的生成,同时有 CO_2 脱落

$$
\begin{array}{l}
① \text{-半胱—SH} \\
② \text{-泛—S}-\overset{\displaystyle O}{\overset{\|}{C}}-CH_2-\overset{\displaystyle O}{\overset{\|}{C}}-CH_3
\end{array}
$$

④ 第一次还原反应(加氢):β-羟丁酰-泛-E_2 的生成

$$
\begin{array}{l}
① \text{-半胱—SH} \\
② \text{-泛—S}-\overset{\displaystyle O}{\overset{\|}{C}}-CH_2-\overset{\displaystyle OH}{\overset{|}{C}H}-CH_3
\end{array}
$$

⑤ 脱水反应:α,β-烯丁酰-泛-E_2 的生成

$$
\begin{array}{l}
① \text{-半胱—SH} \\
② \text{-泛—S}-\overset{\displaystyle O}{\overset{\|}{C}}-CH=\overset{\displaystyle O}{\overset{\|}{C}}-CH_3
\end{array}
$$

⑥ 第二次还原反应(加氢)：丁酰-泛-E_2 的生成

①　－半胱—SH

②　－泛—S—C—CH_2—CH_2—CH_3
　　　　　　O
　　　　丁酰-E

丁酰-泛-E_2 是第一轮产物,经酰基转移、缩合、还原、脱水、再还原,碳原子由 2 个增加至 4 个。

(2) 第二轮

① 丁酰基转移：由丁酰-泛-E_2 转移生成丁酰-半胱-E_1

①　－半胱—S—C—CH_2—CH_2—CH_3
　　　　　　　O

②　－泛—SH

② 丙二酰基转移：生成丙二酰-泛-E_2

①　－半胱—S—C—CH_2—CH_2—CH_3
　　　　　　　O

②　－泛—S—C—CH_2—COOH
　　　　　　O

③ 缩合反应：β-酮己酰-泛-E_2 的生成

④ 第一次还原反应(加氢)：β-羟己酰-泛-E_2 的生成

⑤ 脱水反应：$α,β$-烯己酰-泛-E_2 的生成

⑥ 第二次还原反应(加氢)：己酰-泛-E_2 的生成

经过 n 轮反应,每循环一次,增加两个碳原子,经 7 次循环,生成 16C 的软脂酰-泛-E_2,经硫酯酶的水解作用,生成软脂酸(图 6-7)。

软脂酸总反应：

乙酰 CoA ＋ 7 丙二酰 CoA ＋ 14NADPH＋14H$^+$ →软脂酸＋7CO$_2$＋6H$_2$O＋8CoASH＋14NADP$^+$

3. 脂肪酸碳链的延长

脂肪酸合成酶系催化的合成产物是软脂酸,而人体内的脂肪酸碳链长短不一,因此需要将其缩短或延长。

碳链的缩短是通过 β-氧化作用;延长是在线粒体和内质网中的两个不同的酶系催化下进行的。

(1) 线粒体：乙酰 CoA 提供碳源,NADPH 提供还原当量,反应过程类似 β-氧化的逆过程,每一轮可延长两个碳原子,一般可延长脂肪酸碳链至 24 或 26 碳,但以 18 碳的硬脂酸为主。

(2) 内质网：丙二酸单酰 CoA 提供碳源,NADPH 供氢,反应过程与软脂酸的合成相似,

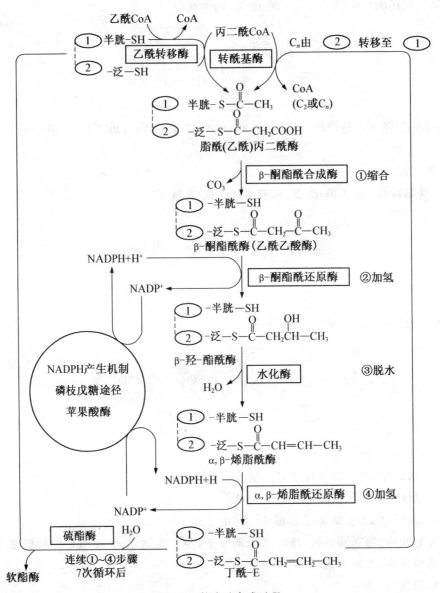

图 6-7 软脂酸合成过程

不同的是 CoASH 代替 ACP 作为酰基载体,每循环一次可增加两个碳原子,一般可延长至 22 或 24 碳,但也以硬脂酸为主。

二、3-磷酸甘油的生成

由糖分解代谢产生的磷酸二羟丙酮还原是生成 3-磷酸甘油最主要的来源。在高蛋白低糖饮食时,生糖氨基酸也是 3-磷酸甘油的一个非常重要的来源。脂肪分解产生的甘油主要用于糖异生,小部分用于脂肪的合成。

（一）由糖代谢生成（脂肪细胞、肝脏）

$$磷酸二羟丙酮 + NADH + H^+ \xrightarrow{\text{3-磷酸甘油脱氢酶}} \text{3-磷酸甘油} + NAD^+$$

（二）由脂肪动员生成（肝）

脂肪动员生成的甘油被转运至肝脏。

$$甘油 + ATP \xrightarrow{\text{甘油磷酸激酶}} 3\text{-磷酸甘油} + ADP$$

三、脂肪的合成

肝、脂肪组织中脂肪的合成是在 3-磷酸甘油的基础上逐步酯化而成，脂酰 CoA 转移酶为关键酶（图 6-8）。

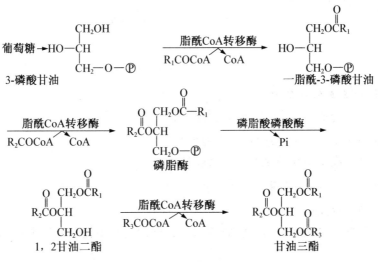

图 6-8　甘油三酯合成过程

四、多不饱和脂肪酸代谢

内质网：脂酰 CoA 通过碳链的加氧、脱氢形成双键，合成软脂酰油酸（16C∶1,△9）和油酸（18C∶1,△9）

人体缺乏 △9 以上的去饱和酶，故不能合成亚油酸（18C∶2,△9,12）、亚麻酸（18C∶3,△9,12,15）和花生四烯酸（20C∶4,△5,8,11,14），必须由食物提供，所以亚油酸、亚麻酸和花生四烯酸被称为必需脂肪酸。人体缺乏必需脂肪酸时，会出现生长缓慢、抵抗力下降、皮肤炎和毛发稀疏等。这些高度不饱和脂肪酸也是磷脂的重要成分，花生四烯酸还是合成前列腺素、血栓素和白三烯等重要生理活性物质的前体。

第五节　类脂的代谢

一、磷　脂

磷脂为含有磷酸的脂类（phospholipids）。按核心结构和主链的不同，可分为：由甘油构成的甘油磷脂（体内含量最多的磷脂）和由鞘氨醇构成的鞘磷脂（图 6-9）。

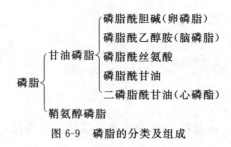

图 6-9　磷脂的分类及组成

（一）甘油磷脂的基本结构

$$CH_2—O—CO—R_1$$
$$R_2—CO—O—CH$$
$$CH_2—O—PO_3H—X$$

（二）磷脂的主要生理功能

1. 作为基本组成成分，构造各种细胞膜结构。

2. 作为血浆脂蛋白的组成成分，稳定血浆脂蛋白的结构。

3. 参与甘油三酯从消化道至血液的吸收过程。

（三）甘油磷脂的合成代谢

1. 合成部位是内质网。

2. 合成的原料及辅助因子为：脂肪酸、甘油（糖代谢）、不饱和脂肪酸（食物）、磷酸盐、X、ATP、CTP。

3. 合成基本过程

（1）甘油二酯合成途径：磷脂酰胆碱和磷脂酰乙醇胺通过此代谢途径合成。合成过程中所需胆碱及乙醇胺以 CDP-胆碱和 CDP-乙醇胺的形式提供（图 6-10，图 6-11）。

（2）CDP-甘油二酯合成途径：磷脂酰肌醇、磷脂酰丝氨酸和心磷脂通过此途径合成。合成过程所需甘油二酯以 CDP-甘油二酯的活性形式提供（图 6-12，图 6-13）。

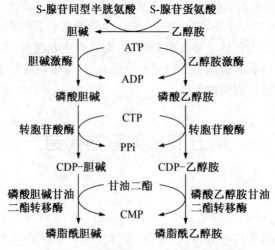

图 6-10　甘油磷脂的甘油二酯合成途径

（CDP - X 的来源，X＝胆碱或乙醇胺）

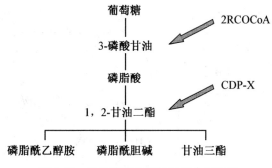

图 6-11　甘油磷脂的甘油二酯合成途径

（1,2-甘油二酯的来源）

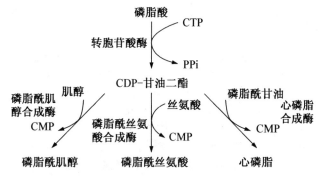

图 6-12　甘油磷脂的 CDP-甘油二酯合成途径

（肌醇、丝氨酸、磷脂酰甘油的来源）

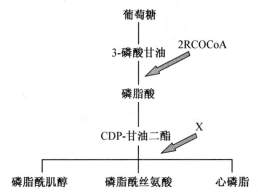

图 6-13　甘油磷脂的 CDP-甘油二酯合成途径

（CDP-甘油二酯的来源，X＝肌醇、丝氨酸、磷脂酰甘油）

（四）甘油磷脂的分解代谢

甘油磷脂的分解由存在于体内的各种磷脂酶将其分解为脂肪酸、甘油、磷酸等，然后再进一步降解（图 6-14）。

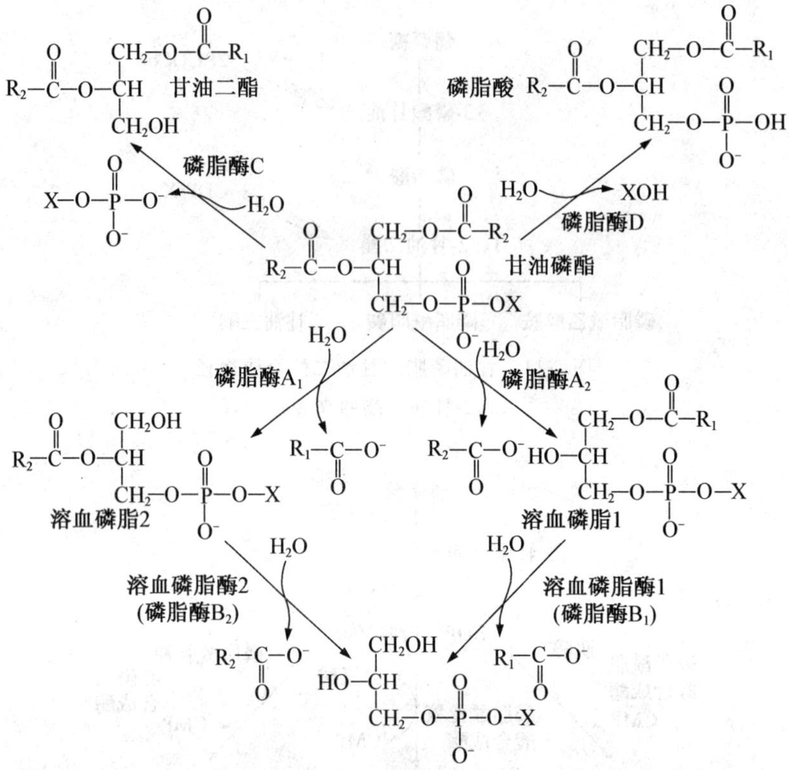

图 6-14　磷脂的分解代谢

磷脂酶 A：作用于甘油磷脂 1 位或 2 位的酯键，得到溶血磷脂 ＋ 脂肪酸
磷脂酶 B：作用于溶血磷脂 1 位或 2 位的酯键，得到甘油磷酸胆碱等
磷脂酶 C：作用于甘油磷脂 3 位的磷酸酯键，得到甘油二酯 ＋ 磷酸胆碱等
磷脂酶 D：作用于磷酸与取代基间的酯键，得到磷脂酸 ＋ 胆碱等

二、胆固醇及其脂

（一）化学结构：环戊烷多氢菲

人体约含胆固醇 140g，约 1/4 分布在脑及神经组织中，约占脑组织的 2％，肝、肾、肠等及皮肤、脂肪组织中含 0.2％～0.5％，以肝最多，肾上腺、卵巢等含 1％～5％。

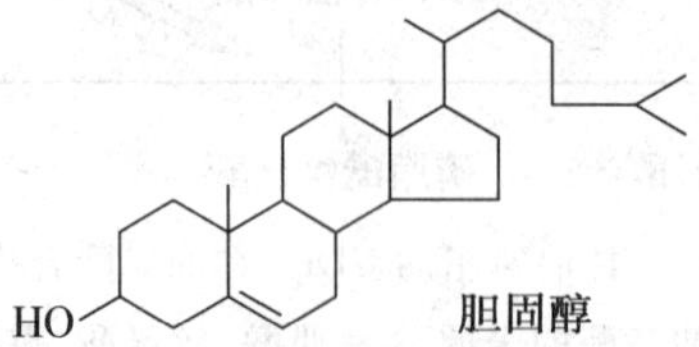

图 6-15　胆固醇分子式

（二）合成部位：胞液及光面内质网

除脑组织和成熟红细胞以外的组织都可以合成胆固醇，每天合成 1g 左右。其中 70％～80％由肝脏合成，10％由小肠合成。

胆固醇合成的关键酶：HMG-CoA 还原酶(β-羟基-β-甲基戊二酸单酰 CoA 还原酶)。

合成原料：乙酰 CoA(合成胆固醇的唯一碳源)，ATP，NADPH ＋ H⁺。

胆固醇合成部位：主要是在肝脏和小肠的胞液和微粒体。

乙酰 CoA 经柠檬酸-丙酮酸穿梭转运出线粒体而进入胞液，此过程为耗能过程。每合成 1 分子的胆固醇需 18 分子乙酰 CoA，36 分子 ATP 和 16 分子 NADPH。

（三）胆固醇合成的基本过程

胆固醇合成的基本过程可分为下列三个阶段(图 6-16)：

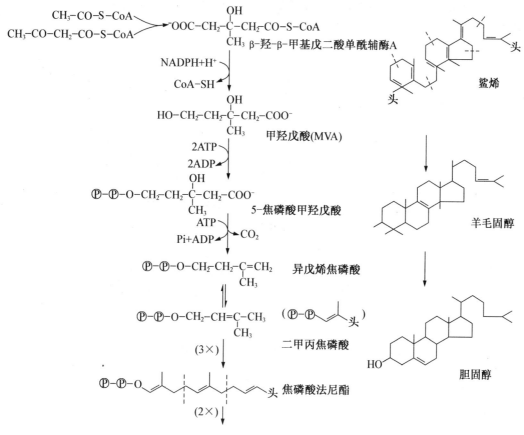

图 6-16　胆固醇合成过程

1. 乙酰 CoA 缩合生成甲羟戊酸(MVA)

此过程在胞液和微粒体进行。HMG-CoA 还原酶是胆固醇合成的关键酶。

2×乙酰 CoA→乙酰乙酰 CoA→HMG-CoA →MVA

2. 甲羟戊酸缩合生成鲨烯

此过程在胞液和微粒体进行。

MVA→二甲丙烯焦磷酸→焦磷酸法呢酯→鲨烯

3. 鲨烯环化为胆固醇

此过程在微粒体进行。鲨烯结合在胞液的固醇载体蛋白(SCP)上，由微粒体酶进行催化，经一系列反应环化为 27 碳胆固醇。

（四）胆固醇合成的调节

胆固醇合成的调节主要是通过对关键酶 HMG-CoA 还原酶活性的调节。

1．饥饿：肝脏合成的胆固醇的量下降；饱食：胆固醇的合成量增加。

2．胆固醇及其氧化产物，如 7β-羟胆固醇，25-羟胆固醇等可反馈抑制 HMG-CoA 还原酶的活性。

3．激素　胰岛素、甲状腺素：诱导 HMG-CoA 还原酶的合成；胰高血糖素、皮质醇：抑制 HMG-CoA 还原酶的活性，减少胆固醇的合成；甲状腺素虽然能促进 HMG-CoA 还原酶的合成，增加胆固醇合成，但又能高效促进胆固醇转化为胆汁酸，故总的调节效应是使血浆胆固醇含量下降。临床上可见甲状腺功能亢进患者的血胆固醇含量降低。

（五）胆固醇的转化

1．转化为胆汁酸

胆固醇在肝脏中转化为胆汁酸是胆固醇主要的代谢去路。

2．转化为类固醇激素

（1）肾上腺皮质激素的合成：肾上腺皮质球状带可合成醛固酮，又称盐皮质激素，可调节水盐代谢；肾上腺皮质束状带可合成皮质醇和皮质酮，合称为糖皮质激素，可调节糖代谢。

（2）雄激素的合成：睾丸间质细胞可以胆固醇为原料合成睾酮。

（3）雌激素的合成：雌激素主要有孕酮和雌二醇两类。

3．转化为维生素 D_3

1胆固醇经 7 位脱氢而转变为 7-脱氢胆固醇，后者在紫外光的照射下，B 环发生断裂，生成 Vit D_3。Vit D_3 在肝脏羟化为 25-$(OH)D_3$，再在肾脏被羟化为 1,25-$(OH)_2 D_3$。

第六节　血浆脂蛋白和脂类的运输

一、血　脂

血浆中所含脂类物质统称为血脂。

（一）血浆中的脂类物质主要有

1．甘油三酯（TG）及少量甘油二酯和甘油一酯；

2．磷脂（PL），主要是卵磷脂，少量溶血磷脂酰胆碱，磷脂酰乙醇胺及神经磷脂等；

3．胆固醇（Ch）及胆固醇酯（ChE）；

4．自由脂肪酸（FFA）。

（二）正常血脂有以下特点

1．血脂水平波动较大，受膳食因素影响大；

2．血脂成分复杂；

3．通常以脂蛋白的形式存在，但自由脂肪酸是与清蛋白构成复合体而存在。

（三）血浆脂蛋白的分类、组成与结构

脂类物质的分子极性小，难溶于水，实际上，血液中的脂类与蛋白质结合成可溶性的复合体，这种复合体称血浆脂蛋白（lipoprotein）。是血脂的存在和运输形式。脂肪动员释入血浆中的长链脂肪酸则与清蛋白结合而运输。

1. 分类

（1）电泳分类法：根据电泳迁移率的不同进行分类，可分为四类（图6-17）：

乳糜微粒 → β-脂蛋白 → 前β-脂蛋白 → α-脂蛋白。

（2）超速离心法：按脂蛋白密度高低进行分类，也分为四类（图6-17）：

CM → VLDL → LDL → HDL。

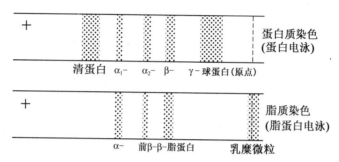

图 6-17　血浆蛋白质和脂蛋白电泳图谱比较

2. 组成

血浆脂蛋白均由蛋白质（载脂蛋白，Apo）、甘油三酯（TG）、磷脂（PL）、胆固醇（Ch）及其酯（ChE）所组成。不同的脂蛋白仅有含量上的差异而无本质上的不同。

乳糜微粒中，含TG90%以上；VLDL中的TG也达50%以上；LDL主要含Ch及ChE，约占40%～50%；而HDL中载脂蛋白的含量则占50%，此外，Ch、ChE及PL的含量也较高。

3. 结构

血浆脂蛋白颗粒通常呈球形（图6-18）。其中所含的载脂蛋白多数具有双极性α-螺旋。各种脂蛋白的结构十分类似，其颗粒外层为亲水的载脂蛋白和磷脂的极性部分组成，载脂蛋白和磷脂的疏水部分则伸入到内部，而疏水的甘油三酯和胆固醇则被包裹在内部。

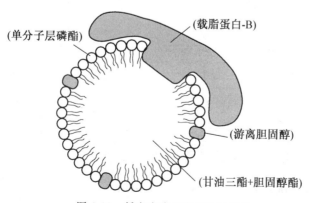

图 6-18　低密度脂蛋白（LDL）结构

（四）载脂蛋白

1. 载脂蛋白的种类和命名

（1）ApoA：目前发现有三种亚型，即 ApoAⅠ、ApoAⅡ、ApoAⅣ。ApoAⅠ和 ApoAⅡ主要存在于 HDL 中。

（2）ApoB：有两种亚型，即在肝细胞内合成的 ApoB100 和小肠黏膜细胞内合成的 ApoB48。ApoB100 主要存在于 LDL 中，而 ApoB48 主要存在于 CM 中。

（3）ApoC：有三种亚型，即 ApoCⅠ、ApoCⅡ、ApoCⅢ。VLDL 主要存在的载脂蛋白是 ApoB100 和 ApoCⅢ。

（4）ApoD：只有一种。

（5）ApoE：有三种亚型，即 $ApoE_2$，$ApoE_3$，$ApoE_4$。

2. 载脂蛋白的功能

（1）转运脂类物质。

（2）作为脂类代谢酶的调节剂：LCAT 可被 ApoAⅠ、ApoAⅣ、ApoCⅠ等激活，也可被 ApoAⅡ所抑制。LpL（脂蛋白脂肪酶）可被 ApoCⅡ所激活，ApoAⅣ也有辅助激活作用；也可被 ApoCⅢ所抑制。HL（肝脂酶）可被 ApoAⅡ激活。

（3）作为脂蛋白受体的识别标记：ApoB 可被细胞膜上的 ApoB，E 受体（LDL 受体）所识别；ApoE 可被细胞膜上的 ApoB，E 受体和 ApoE 受体（LDL 受体相关蛋白，LRP）所识别。ApoAⅠ参与 HDL 受体的识别。ApoB100 和 ApoE 参与免疫调节受体的识别。修饰的 ApoB100 参与清道夫受体的识别。

（4）参与脂质交换：胆固醇酯转运蛋白（CETP）可促进胆固醇酯由 HDL 转移至 VLDL 和 LDL；磷脂转运蛋白（PTP）可促进磷脂由 CM 和 VLDL 转移至 HDL。

（5）作为连接蛋白：ApoD 可作为 LCAT 与 ApoAⅠ之间的连接蛋白，构成 ApoAⅠ-ApoD-LCAT 复合物，与胆固醇的酯化有关。

（五）血浆脂蛋白的代谢和功能

1. 乳糜微粒的代谢（图 6-19）

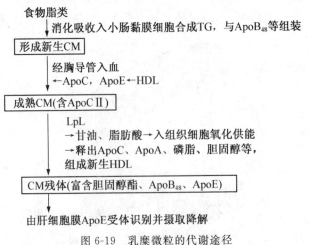

图 6-19　乳糜微粒的代谢途径

CM 的生理功能：将食物中的甘油三酯转运至肝和脂肪组织（转运外源性甘油三酯）。

2. VLDL 的代谢(图 6-20)

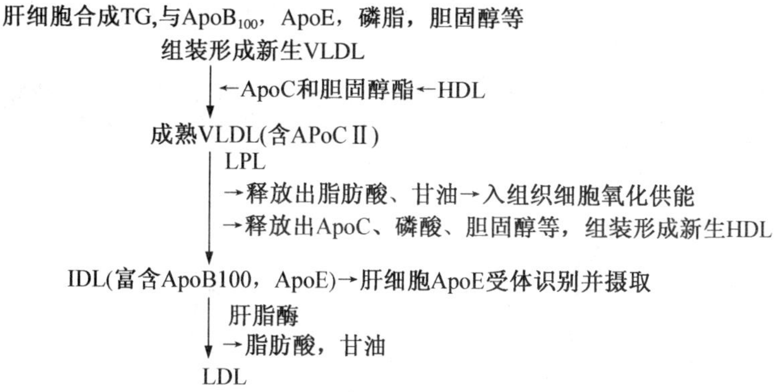

肝细胞合成TG,与ApoB₁₀₀,ApoE,磷脂,胆固醇等
组装形成新生VLDL
←ApoC和胆固醇酯←HDL
成熟VLDL(含APoCⅡ)
LPL
→释放出脂肪酸、甘油→入组织细胞氧化供能
→释放出ApoC、磷酸、胆固醇等,组装形成新生HDL
IDL(富含ApoB100,ApoE)→肝细胞ApoE受体识别并摄取
肝脂酶
→脂肪酸,甘油
LDL

图 6-20 VLDL 的代谢途径

VLDL 的生理功能:将肝脏合成的甘油三酯转运至肝外组织(转运内源性甘油三酯)。

3. LDL 的代谢

血浆中的 LDL 由 VLDL 转变而来。其富含胆固醇及其酯,正常人血浆 LDL 的降解量占其总量的 45%,其中清除细胞摄取清除 1/3,LDL 受体途径降解 2/3。

LDL 的生理功能:将胆固醇由肝脏转运至肝外组织。摄入组织细胞的胆固醇具有以下功能:

(1) 抑制 HMG-CoA 还原酶的活性,调节胆固醇的合成;

(2) 抑制 LDL 受体的合成,调节外周组织对胆固醇的摄取;

(3) 激活 ACAT,促进组织细胞对胆固醇的酯化。

如果低密度脂蛋白结构不稳定,则胆固醇很容易在血管壁沉积,形成斑块,这就是动脉粥样硬化的病理基础。

4. HDL 的代谢(图 6-21)

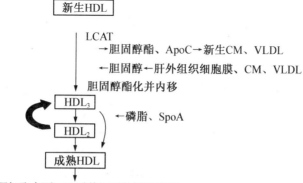

在肝或小肠合成,与胆固醇、磷脂、Apo等进行组装,
或由CM、VLDL降解产生
新生HDL
LCAT
→胆固醇酯、ApoC→新生CM、VLDL
←胆固醇←肝外组织细胞膜、CM、VLDL
胆固醇酯化并内移
HDL₃
←磷脂、SpoA
HDL₂
成熟HDL
由肝细胞表面HDL受体识别并摄取降解

图 6-21 HDL 的代谢途径

HDL 的生理功能:将胆固醇由肝外组织转运至肝脏。

第七章

生 物 氧 化

生物体在生命活动过程中需要能量。地球上的生物体所需能量的最终来源都来自太阳的光能。具有光合作用的生物可通过光合作用合成有机分子,将太阳的光能转变为化学能。而不具有光合作用的生物则利用这些有机分子进行氧化分解(生物氧化),获得生命活动所必需的能量,即物质在生物体内氧化分解并释放出能量的过程称为生物氧化。在细胞内合成和分解有机分子,称为物质代谢;物质代谢伴随着能量的产生、转换和利用,称为能量代谢。物质代谢与能量代谢紧密相连。

第一节　ATP 与能量代谢

ATP 是生物界普遍使用的供能物质,有"通用货币"之称。ATP 分子中含有两个高能磷酸酐键,均可以水解供能。

一、ATP 化学结构及特性

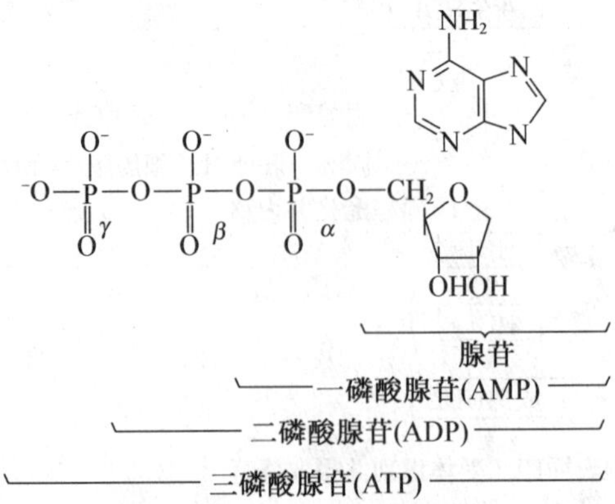

图 7-1　ATP 结构

ATP 的末端两个磷酸酐键(β 或 γ)水解时,释放出的自由能 $\Delta G = -30.5\text{kL/mol}$,反应及能量释放如下:

$$ATP+H_2O \longrightarrow ADP+Pi \qquad\qquad \Delta G=-30.5kL/mol$$

$$ADP+H_2O \longrightarrow AMP+Pi \qquad\qquad \Delta G=-30.5kL/mol$$

二、ATP-ADP 循环

ATP 水解生成 ADP 和磷酸并释放大量自由能。它可以支持机体各种生命活动。机体生命活动所需要能量都和 ATP 分解供能有关。当营养物质氧化分解时产生能量可用于 ADP 磷酸化生成 ATP。这样构成 ATP-ADP 循环。机体 ATP 不断形成又不断消耗。

三、高能磷酸键及能量的转换和利用

生物化学中常将每摩尔磷酸化合物水解时释放的自由能＞20kJ/mol 的磷酸键称为高能磷酸键。生物体内的高能磷酸键主要有以下几种类型：

1. 磷酸酐键

包括各种多磷酸核苷类化合物,如 ADP,ATP,GDP,GTP,CDP,CTP,GDP,GTP 及 PPi 等,水解后可释放出 30.5kJ/mol 的自由能。

2. 混合酐键

由磷酸与羧酸脱水后形成的酐键,主要有 1,3-二磷酸甘油酸等化合物。在标准条件下水解可释放出 49.3kJ/mol 的自由能。

3. 烯醇磷酸键

见于磷酸烯醇式丙酮酸中,水解后可释放出 61.9kJ/mol 的自由能。

4. 磷酸胍键

见于磷酸肌酸中,水解后可释放出 43.9kJ/mol 的自由能。

磷酸肌酸(C～P)是肌肉和脑组织中能量的储存形式。但磷酸肌酸中的高能磷酸键不能被直接利用,而必须先将其高能磷酸键转移给 ATP,才能供生理活动之需。这一反应过程由肌酸磷酸激酶(CPK)催化完成。

$$C\sim P+ADP \xrightarrow{CPK} C+ATP$$

四、ATP 的生成方式

（一）氧化磷酸化

代谢物脱下的氢或失去的电子,经电子传递体传递给氧生成水,同时在此过程中释放能量使 ADP 磷酸化生成 ATP,又称电子传递水平磷酸化,是 ATP 生成的主要方式。

（二）底物水平磷酸化

直接由代谢物(底物)分子高能磷酸键转移给 ADP(或者 GDP)而生成 ATP(或者 GTP)的反应称为底物(或代谢物)水平磷酸化。

目前已知体内 3 个底物水平磷酸化反应。

（1）3-磷酸甘油酸激酶

$$1,3-二磷酸甘油酸+ADP \longrightarrow 3-磷酸甘油酸+ATP$$

（2）丙酮酸激酶

$$磷酸烯醇式丙酮酸+ADP \longrightarrow 烯醇式丙酮酸+ATP$$

（3）琥珀酰硫激酶

琥珀酰 CoA＋H₃PO₄＋GDP ──→ 琥珀酸＋CoA＋GTP

第二节 线粒体氧化呼吸体系

在线粒体中，由若干递氢体或递电子体按一定顺序排列组成的，与细胞呼吸过程有关的链式反应体系称为呼吸链。这些递氢体或递电子体往往以复合体的形式存在于线粒体内膜上。

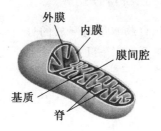

图 7-2 线粒体的结构

一、呼吸链的组成

呼吸链可被分离成四种具有传递电子功能的酶复合体（表 7-1）。

表 7-1 呼吸链四种具有传递电子功能的酶复合体

复合体	酶 名 称	辅 基
复合体 Ⅰ	NADH-泛醌还原酶	FMN、Fe-S
复合体 Ⅱ	琥珀酸-泛醌还原酶	FAD、Fe-S
复合体 Ⅲ	泛醌-细胞色素 C 不原酶	铁卟啉、Fe-S
复合体 Ⅳ	细胞色素 C 氧化酶	铁卟啉、Cu

（一）复合体Ⅰ（NADH -泛醌还原酶）

将电子从还原型烟酰胺腺嘌呤二核苷酸（reduced nicotinamide adenine dinucleotide，NADH），传递给泛醌。

$$NADH \longrightarrow FMN_e \longrightarrow FeS \longrightarrow \begin{matrix} CoQ \\ H^+ \end{matrix}$$

复合体Ⅱ(琥珀酸-泛醌还原酶)

经琥珀酸脱氢酶产生的氢和电子经黄素腺嘌呤二核苷酸（FAD）传递到铁硫蛋白再到泛醌。

$$琥珀酸 \longrightarrow FADH \longrightarrow FeS \xrightarrow{H^+e} CoQ$$

1. 辅酶Ⅰ和辅酶Ⅱ

NAD⁺（辅酶Ⅰ，coenzyme Ⅰ，Co Ⅰ）与 NADP⁺（辅酶Ⅱ，coenzyme Ⅱ，Co Ⅱ）是烟酰胺脱氢酶类的辅酶，结构见图 7-3。

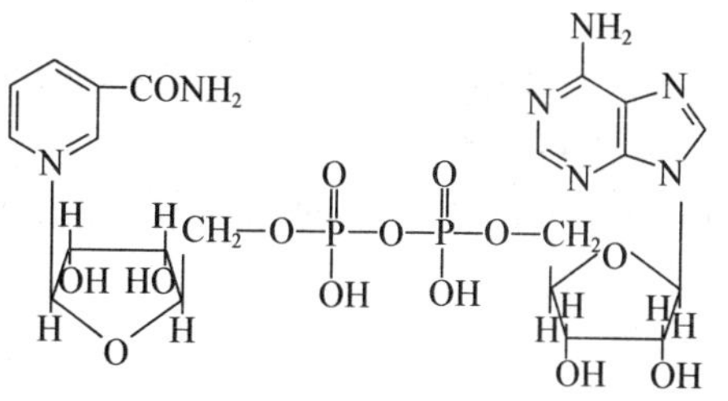

图 7-3　NAD$^+$ 结构

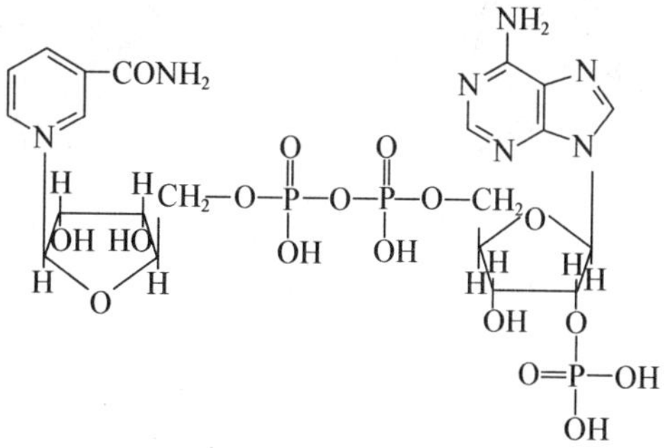

图 7-3　NADP$^+$ 结构

2. 黄素蛋白

黄素蛋白(flavoproteins，FP)是指以黄素单核苷酸(FMN)或黄素腺嘌呤二核苷酸(FAD)为辅基的脱氢酶。FMN 和 FAD 分子结构中有异咯嗪，起到传递氢的作用。氧化型 FMN 既可接受两个氢形成 FMNH$_2$，又可接受 1 个 H$^+$ 和 1 个 e 形成不稳定的 FMNH·(半醌中间体)，再接受 1 个 H$^+$ 和 1 个 e 转变为还原型 FMN(FMNH$_2$)。FAD 也有相同的转变。FMN和 FAD 以三种不同形式(氧化型、半醌型和还原型)存在，在呼吸链中参与一个或两个电子的传递(图 7-4)。

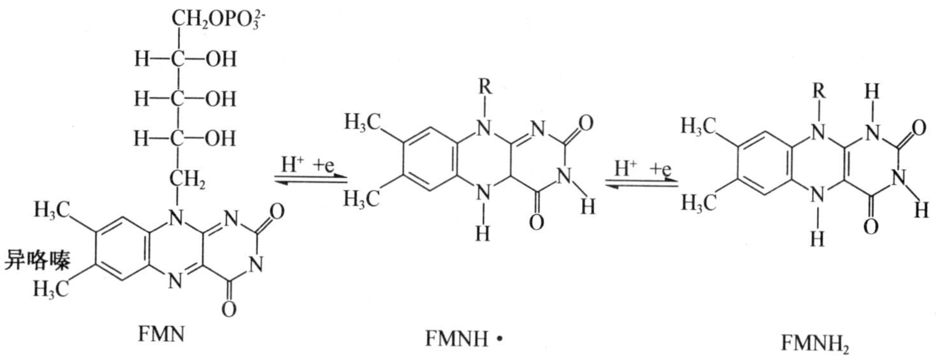

图 7-4　FMN 和 FAD 三种不同的形式(氧化型、半醌型和还原型)

NADH 脱氢酶含有 FMN 的黄素蛋白，它可催化 NADH 脱氢。琥珀酸脱氢酶、脂酰辅酶A 脱氢酶等是以 FAD 为辅基的黄素蛋白，它们可直接将底物脱下的氢传递进入呼吸链。

3. 铁硫蛋白

铁硫蛋白(iron-sulfur proteins，Fe-S)是以铁硫簇(iron-sulfur cluster)为辅基，相对分子质量较小的一类蛋白质。铁硫簇主要形式有 Fe$_2$S$_2$ 和 Fe$_4$S$_4$。Fe$_2$S$_2$ 由 2 个 Fe 原子与 2 个不稳

定 S 原子构成,其中每个铁原子还各与两个半胱氨酸残基的巯基硫相结合。Fe_4S_4 由 4 个铁原子与 4 个不稳定的 S 原子构成,铁与硫相间排列在一个正六面体的 8 个顶角端,此外 4 个铁原子还各与一个半胱氨酸残基上的巯基硫相连。

铁硫蛋白中的铁原子可进行 $Fe^{2+} \Longrightarrow Fe^{3+} + e$ 反应而传递电子,是一类单 e 传递体(图 7-5)。

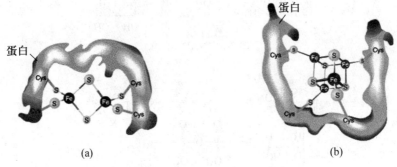

图 7-5　铁硫蛋白作用示意图

4. 辅酶 Q

辅酶 Q(coenzyme Q,CoQ)又称泛醌(ubiquinone,UQ,Q),是一种脂溶性醌类化合物,分子结构中含有以异戊二烯为单位构成的长碳氢链。哺乳动物细胞内的 CoQ 含有 10 个异戊二烯单位,故又称 Q_{10}。CoQ 可接受一个 e 和一个 H^+ 还原成半醌式;再接受一个 e 和一个 H^+ 还原成二氢泛醌(图 7-6)。CoQ 也有三种不同存在形式即氧化型、半醌型和还原型,在呼吸链中传递一个或两个电子。

CoQ 在呼吸链中是一种和蛋白质结合不紧密的辅酶。脂溶性的异戊二烯侧链使 CoQ 在线粒体内膜脂双层中局部扩散,作为一种流动着的电子载体在复合体 I(复合体 II)和复合体 III 之间起传递电子的作用。CoQ 在电子传递链中处于中心地位。

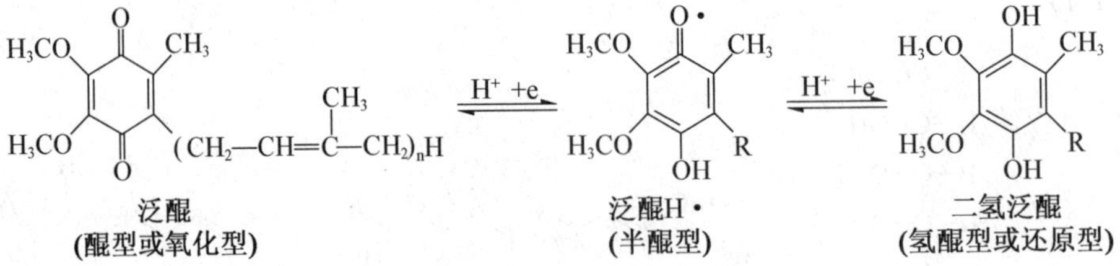

图 7-6　泛醌的氧化还原变化

(二)复合体 III(泛醌-细胞色素 c 还原酶)

$CoQ \longrightarrow 2Cytb + Cytc_1$(Fe-S)

复合体 III 将电子从泛醌传递给细胞色素 c。

复合体 IV(细胞色素 c 氧化酶)

$Cytc \longrightarrow Cyta + Cyta_3$

复合体 IV 将电子从细胞色素 c 传递给氧。人体细胞中的复合体 IV 中含有 Cyta 和 Cyta3。由于两者结合紧密,很难分离,故合称为细胞色素 c 氧化酶(Cyt aa3)。在 Cyt aa3 分子中除铁卟啉外,尚含有 2 个铜原子,依靠其化合价的变化,把电子从 a3 传到氧,故在细胞色素体系中也是呈复合体排列的。

细胞色素(cytochrome, Cyt)是一类以铁卟啉为辅基催化电子传递的结合蛋白。细胞色素因有特殊的吸收光谱而呈现颜色。根据它们吸收光谱的不同,将细胞色素分为 Cyt a、b、c 三类,每一类中又因其最大吸收峰的微小差异再分成几个亚类。各种细胞色素之间的主要差别是铁卟啉辅基侧链的差异以及铁卟啉与蛋白质部分的连接方式的不同。铁卟啉中的铁原子可进行 $Fe^{2+} \rightleftharpoons Fe^{3+} + e$ 反应而传递电子。(图7-7)

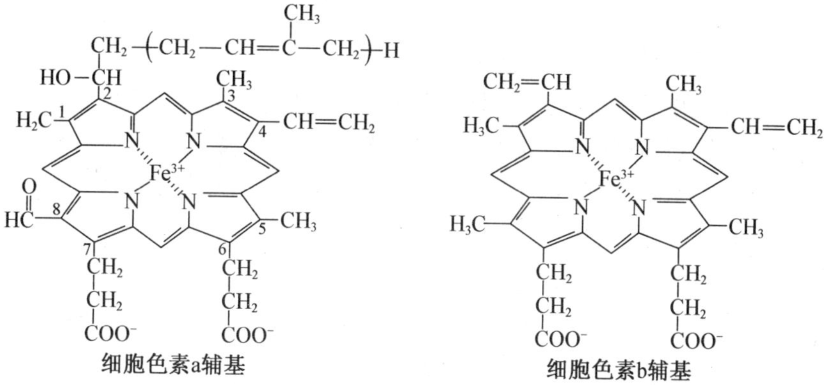

图 7-7　细胞色素 a 和细胞色素 b 分子结构

在线粒体电子传递链中,至少存在 b、c、c_1、a 和 a_3 等五种细胞色素。细胞色素 b、c_1、a 和 a_3 都是膜结合蛋白,细胞色素 c 呈水溶性,是一种膜周边蛋白。有证据显示,细胞色素 b 有两个不同的血红素结合部位,分别称为 b_{562}(或 b_H,具有较高氧化电势)和 b_{566}(或 b_L,具有较低氧化电势)。Cyt a 和 a_3 作为一个复合物出现在电子传递链的末端,它与电子从细胞色素 c 传递给分子氧直接相关,所以细胞色素 aa_3 又称细胞色素 c 氧化酶或细胞色素氧化酶。细胞色素 aa_3 的辅基血红素 A 的 Fe 原子,只形成 5 个配位键,尚余 1 个配位键,因此细胞色素 aa_3 能与 N_3^-、CO 或 CN^- 结合而丧失电子传递活性。(图7-8,图7-9)

人体细胞的复合体Ⅲ中含有 2 种细胞色素 b (Cytb562,b566)、细胞色素 c_1 和铁硫蛋白。

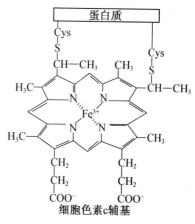

图 7-8　细胞色素 c 分子结构

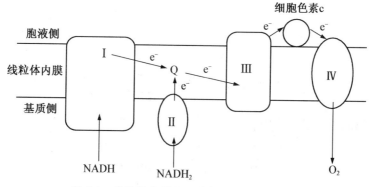

图 7-9　线粒体内膜上四种复合体存在的位置

二、呼吸链成分的排列顺序

按标准氧还电位递增值确定的呼吸链各传递体的排列顺序是目前一致认可的方法。在生物化学中，以（$E^{0'}$）值来表示氧化还原剂对电子的亲和力。根据氧化还原原理（$E^{0'}$）值愈低的氧对释出电子的倾向愈大，愈容易成为还原剂，因而排列于呼吸链的前面。体内存在两条重要的呼吸链。

（一）NADH 氧化呼吸链

NADH 呼吸链是细胞内的主要呼吸链，因为生物氧化过程中大多数脱氢酶都是以 NAD^+ 为辅酶，代谢物脱下的氢使辅酶由氧化型（NAD^+）转变为还原型（NADH）。NADH 通过这条呼吸链将氢最终传递给氧而生成水，NADH 呼吸链各组分的排列顺序见图 7-11：

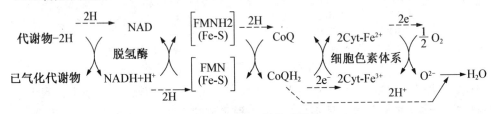

图 7-10　NADH 氧化呼吸链

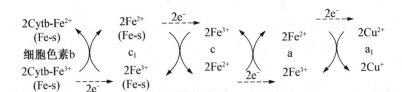

图 7-11　细胞色素体系

（二）琥珀酸氧化呼吸链（$FADH_2$氧化呼吸链）

凡是以 FAD 为辅基的脱氢酶所催化的底物脱氢反应，其电子传递按此顺序进行。琥珀酸由琥珀酸脱氢酶催化，脱下的 2H 经复合体 Ⅱ 使 CoQ 形成 $CoQH_2$，再往下的传递与 NADH 氧化呼吸链相同。α-磷酸甘油脱氢酶及脂酰 CoA 脱氢酶催化代谢物脱下的氢也由 FAD 接受，通过此呼吸链被氧化（图 7-12）。

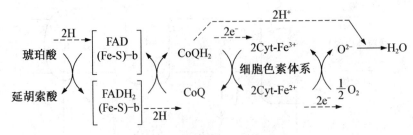

图 7-12　琥珀酸氧化呼吸链

线粒体中某些底物的呼吸链见图 7-13。

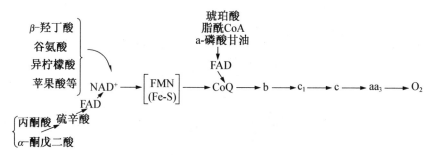

图 7-13　线粒体中某些底物氧化的呼吸链

第三节　氧化磷酸化

一、氧化磷酸化的耦联部位

通过测定在氧化磷酸化过程中,氧的消耗与无机磷酸消耗之间的比例关系,可以反映底物脱氢氧化与 ATP 生成之间的比例关系,即每消耗一摩尔氧原子所消耗的无机磷的摩尔数称为 P/O 比值。合成 1mol ATP 时,需要提供的能量至少为 $\Delta G0' = -30.5kJ/mol$,相当于氧化还原电位差 $\Delta E0' = 0.2V$。故在 NADH 氧化呼吸链中有三处可生成 ATP,而在琥珀酸氧化呼吸链中,只有两处可生成 ATP。

$$NAD^+ \rightarrow [FMN(Fe\text{-}S)] \rightarrow CoQ \rightarrow b(Fe\text{-}S) \rightarrow c_1 \rightarrow c \rightarrow aa_3 \rightarrow 1/2O_2$$

$$\overset{FAD}{\downarrow}$$

| 0.36V | 0.21V | 0.53V |

二、氧化磷酸化的耦联机制

目前公认的氧化磷酸化的耦联机制是 1961 年由 Mitchell 提出的化学渗透学说(图 7-14)。

这一学说认为氧化呼吸链存在于线粒体内膜上,当氧化反应进行时,H^+ 通过氢泵作用被排斥到线粒体内膜外侧(膜间腔),从而形成跨膜 pH 梯度和跨膜电位差。

这种形式的"势能",可以被存在于线粒体内膜上的 ATP 合酶利用,生成高能磷酸基团,并与 ADP 结合而合成 ATP。

（一）质子梯度的形成机制

质子的转移主要通过氧化呼吸链在递氢或递电子过程中所形成的氧化还原祥来完成。每传递两个氢原子,就可向膜间腔释放 6 个质子。(图 7-15)

当质子从膜间腔返回基质中时,这种"势能"可被位于线粒体内膜上的 ATP 合酶利用以合成 ATP。

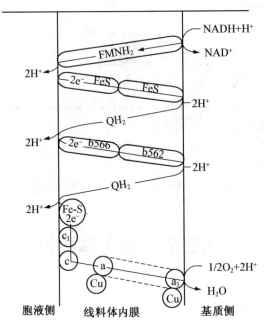

图 7-14　化学渗透假说

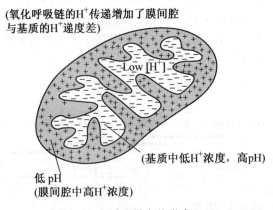

(氧化呼吸链的H^+传递增加了膜间腔
与基质的H^+递度差)

(基质中低H^+浓度，高pH)

低 pH
(膜间腔中高H^+浓度)

图 7-15　质子梯度的形成

（二）ATP 合酶

ATP 合酶（ATP synthase）位于线粒体内膜的基质侧，形成许多颗粒状突起。该酶主要由 F_0（疏水部分）和 F_1（亲水部分）组成。F_0 含有较多的亮氨酸、丙氨酸等，是疏水蛋白，因此可以进入膜脂质，贯穿整个膜。F_0 构成 H^+ 通道，允许 H^+ 通过并不需要载体。F_1 主要由 α_3、β_3、γ、δ、ε 亚基组成，其功能是催化生成 ATP。β 亚基有催化活性，但 β 亚基必须与 α 亚基结合才有活性；γ 亚基控制质子通过。当 H^+ 顺浓度梯度经 F_0 回流时，F_1 催化 ADP 和 Pi，生成并释放 ATP。

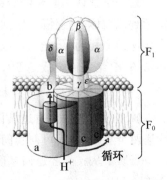

图 7-16　ATP 合酶的分子结构

三、氧化磷酸化的影响因素

（一）抑制剂

1. 呼吸链的抑制剂

能够抑制呼吸链递氢或递电子过程的药物或毒物称为呼吸链的抑制剂。能够抑制第一位点的有异戊巴比妥、粉蝶霉素 A、鱼藤酮等（复合体 I）；能够抑制第二位点的有抗霉素 A 和二巯基丙醇；能够抑制第三位点的有 CO、H_2S 和 CN^-、N^{3-}（复合体 III）。其中，CN^- 和 N^{3-} 主要抑制氧化型 $Cytaa_3$-Fe^{3+}，而 CO 和 H_2S 主要抑制还原型 $Cytaa_3$-Fe^{2+}（复合体 IV）。

2. 解耦联剂

不抑制呼吸链的递氢或递电子过程，但能使氧化产生的能量不能用于 ADP 磷酸化的药物或毒物称为解耦联剂。主要的解耦联剂有 2,4-二硝基酚（DNP）。

3. 氧化磷酸化的抑制剂

对电子传递和 ADP 磷酸化均有抑制作用的药物和毒物称为氧化磷酸化的抑制剂，如寡霉素。

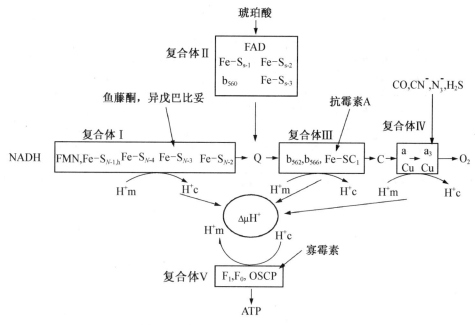

图 7-17　氧化磷酸化抑制剂的作用位点

四、通过线粒体内膜的物质转运

（一）胞液中 NADH 的氧化

胞液中的 NADH 经穿梭系统而进入线粒体氧化磷酸化，产生 H_2O 和 ATP。这种转运机制主要有：a-磷酸甘油穿梭和苹果酸-天冬氨酸穿梭。

1. 磷酸甘油穿梭系统（图 7-18）

α-磷酸甘油穿梭作用主要存在于脑和骨骼肌中。

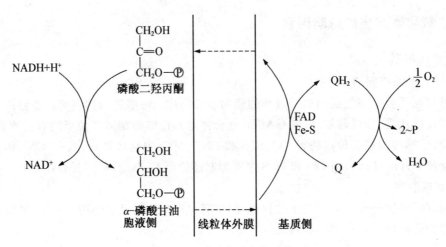

图 7-18　磷酸甘油穿梭系统

2. 苹果酸穿梭系统（图 7-19）

苹果酸-天冬氨酸穿梭主要存在于肝和心肌中。

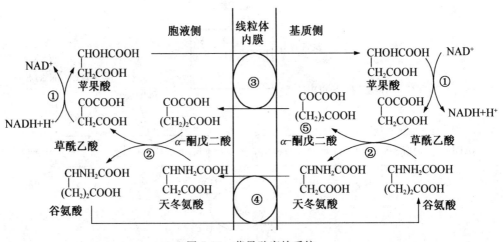

图 7-19　苹果酸穿梭系统

第八章

氨基酸代谢

蛋白质是人体主要成分,人体每日必须食入一定量的蛋白质以维持生长和各种组织蛋白质的补充更新。蛋白质的基本组成单位是氨基酸,蛋白质的合成、降解都需经过氨基酸来进行,所以氨基酸代谢是蛋白质代谢的中心内容。为适应体内蛋白质合成的需要,需通过体外摄入或体内合成方式,在质与量上保证各种氨基酸的供应。氨基酸也可进入分解途径,转变成一些生理活性物质、某些含氮化合物和作为体内能量的来源。因此,氨基酸代谢包括合成代谢和分解代谢。本章主要讨论氨基酸的分解代谢。

第一节　蛋白质的营养作用

一、蛋白质营养的重要性

蛋白质是机体细胞和细胞外间质的基本构成成分,是生命现象的物质基础。食物蛋白分解的氨基酸参与体内蛋白质合成,这一作用是糖、脂类营养物不能代替的。氨基酸的主要功能是合成蛋白质,正常人体,尤其对于生长发育的儿童和康复期病人,应获得足量、优质的蛋白质供应。如果摄入的氨基酸的量超过了机体进行蛋白质合成所需,多余的氨基酸就会被分解掉,因为氨基酸不能在体内储存。氨基酸经脱氨基作用产生的碳链可直接或间接进入三羧酸循环而氧化分解供能。每克蛋白质在体内氧化分解可产生 17.19kJ(4.1kcal)能量。一般来说,成人每日约 18% 的能量来自蛋白质的分解代谢,但这一作用可由糖和脂肪代替。因此,供能是蛋白质的次要生理功能。

二、氮平衡的概念

生命的组织细胞除旧更新过程,包含了蛋白质的合成和降解。为了研究组织生长活动动态,测定蛋白质在体内的动态量的变化是非常必需的。根据蛋白质元素组成中氮含量比较恒定(约 16%),且食物和排泄物中含氮物质大部分来源于蛋白质,通过测定测定摄入食物的含氮量(摄入氮)和尿与粪便中的氮含量(排出氮)的方法,来了解蛋白质的摄入量与分解量的对比关系,称为氮平衡(nitrogen balance)。氮平衡是反映体内蛋白质代谢概况的一种指标。

氮平衡试验是研究蛋白质的营养价值和需要量以及判断组织蛋白质消长情况的重要方法之一。氮平衡有三种情况：

（一）氮的总平衡

摄入 N＝排出 N,表示组织蛋白质的分解与合成处于平衡状态。正常成人每天摄入的蛋白质主要用于维持组织蛋白质的更新和修复,食物蛋白质供应适宜时应为氮的总平衡。

（二）氮的正平衡

摄入 N＞排出 N,表示组织蛋白质的合成量多于分解量,即部分摄入的氮用于合成体内蛋白质。儿童、孕妇及其消耗性疾病恢复期病人等在食物蛋白质供应适宜时应为氮的正平衡。

（三）氮的负平衡

摄入 N＜排出 N,表示组织蛋白质的分解量多于合成量,组织蛋白有所消耗。饥饿、食物蛋白质含量少和营养价值低及其消耗性疾病病人等均可出现氮的负平衡。

三、人体对蛋白质的需要量

根据测定,体重 60kg 的正常成人在食用不含蛋白质膳食时,每天排氮量约 3.18g,相当于分解 20g 蛋白质。这个数据不代表进食蛋白质时体内蛋白质的分解量。由于食物蛋白质与人体蛋白质组成的差异,吸收的氨基酸仅有部分用于合成组织蛋白质,故每天至少需要食入一般食物蛋白质 30～45g 才能维持氮的总平衡。我国营养学会推荐正常成人每日蛋白质的需要量为 80g,如需维持氮的正平衡蛋白质供应量应增加。

四、蛋白质的营养价值

蛋白质的营养价值(nutrition value)是指外源性蛋白质被人体利用的程度,决定蛋白质营养价值高低的因素有：① 必需氨基酸的含量;② 必需氨基酸的种类;③ 必需氨基酸的比例,即具有与人体需求相符的氨基酸组成。将几种营养价值较低的食物蛋白质混合后食用,以提高其营养价值的作用称为食物蛋白质的互补作用。

所有 20 种氨基酸都是人体合成组织蛋白所需要的,必需氨基酸是指体内不能合成、必须由食物蛋白提供的氨基酸。主要有 8 种,它们是：异亮氨酸、亮氨酸、赖氨酸、甲硫氨酸、苯丙氨酸、苏氨酸、色氨酸和缬氨酸。但组氨酸和精氨酸在体内合成量较小,不能长期缺乏,特别在婴儿期可造成氮的负平衡,因此有人称为营养半必需氨基酸。

对临床危重病人护理中,为维持患者体内氮平衡,保证体内氨基酸的需要,可用比例适当营养价值高的混合氨基酸或必需氨基酸进行输液。

第二节　蛋白质的消化、吸收与腐败

一、蛋白质的消化

食物蛋白质在胃、小肠和肠黏膜细胞中经一系列酶促水解反应分解成氨基酸及小分子肽的过程,称为蛋白质的消化。

（一）蛋白质在胃中的消化

食物蛋白质的消化从胃中开始。胃液中的胃蛋白酶（pepsin）在胃液的酸性条件下特异性较低地水解各种水溶性蛋白质，产物为多肽、寡肽和少量氨基酸。胃蛋白酶还有凝乳作用，可使乳儿食入的乳液在胃中充分消化。胃蛋白酶原由胃酸以及自身作用被激活。

（二）蛋白质在肠中的消化

肠道是蛋白质消化的主要场所，经小肠腔和肠黏膜细胞两部分的消化。进一步水解为氨基酸。主要有两类消化酶：① 肽链外切酶：如羧肽酶 A、羧肽酶 B、氨基肽酶、二肽酶等；② 肽链内切酶：如胰蛋白酶、糜蛋白酶、弹性蛋白酶等。

二、氨基酸的吸收

在正常情况下，只有氨基酸和少量的二肽、三肽才能被吸收。在肠黏膜细胞上存在主动转运载体，可将二肽、三肽经耗能主动方式吸收。肽被吸收后大部分在肠黏膜细胞中进一步被水解为氨基酸，小部分也可直接吸收入血。

氨基酸的吸收，主要在小肠内进行。各种氨基酸主要通过需钠耗能的主动转运方式而吸收。肠黏膜细胞膜上具有转运氨基酸的载体，能利用细胞内外的 Na^+ 浓度梯度，将氨基酸和 Na^+ 转入细胞内，Na^+ 则借钠泵主动排出细胞。氨基酸转运载体缺陷可导致相应氨基酸尿症或吸收不良，属氨基酸转移缺陷病。

也可经 γ-谷氨酰基循环进行。需由 γ-谷氨酰基转移酶催化，利用 GSH，合成 γ-谷氨酰氨基酸进行转运。消耗的 GSH 可重新再合成。氨基酸的吸收及其向细胞内的转运过程是通过谷胱甘肽的合成与分解来完成的，γ-谷氨酰基转移酶是关键酶，位于细胞膜上，转移 1 分子氨基酸需消耗 3 分子 ATP。谷氨酰转移酶缺陷时，尿中排出过量谷胱甘肽。见图 8-1。

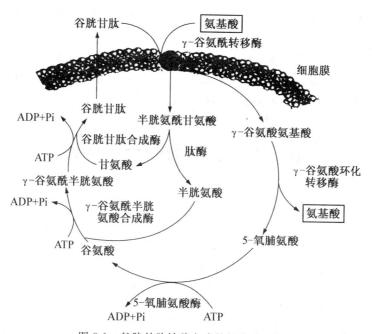

图 8-1 谷胱甘肽转移方式的氨基酸吸收

三、氨基酸在肠中的腐败

蛋白质在肠道中不能完全被消化吸收,肠道细菌对肠道中未消化及未吸收的蛋白质或蛋白质消化产物的分解作用,称为腐败作用。分解作用包括水解、氧化、还原、脱羧、脱氨、脱巯基等反应。腐败作用可产生胺、醇、酚、吲哚、甲基吲哚、硫化氢、甲烷、氨、二氧化碳、脂肪酸和某些维生素等物质。除少量脂肪酸及维生素外,大部分对人体有毒性。正常情况下,上述有害腐败产物大部分随粪便排出,少量被吸收后,经肝脏代谢解除其毒性。当肠梗阻时,腐败时间延长,腐败产物吸收入血增加,如在肝脏内解毒不完全,可导致机体中毒。

[知识扩展]

1. 胺类的生成

氨基酸在细菌氨基酸脱羧酶的作用下,脱羧基生成胺类(amines)。如精氨酸和鸟氨酸脱羧生成腐胺、赖氨酸脱羧生成尸胺、组氨酸脱羧生成组胺等。对于人体,胺是有毒的。如组胺具有降低血压作用;酪胺及色胺则有升高血压的作用等。若未经肝脏分解的酪胺和苯乙胺进入脑组织,则可经 p-羟化而形成化学结构与儿茶酚胺类似的假神经递质。肝功能障碍,假神经递质增多,干扰儿茶酚胺正常神经递质作用,而使大脑发生异常抑制,这可能是肝昏迷症状产生的原因之一。

2. 苯酚的生成

酪氨酸经脱氨基、氧化及脱羧等作用,最后生成苯酚再经氧化等转变为甲苯酚及苯酚。

3. 吲哚及甲基吲哚的生成

酪氨酸也可先脱羧生成酪胺,由色氨酸脱羧酶产生的色胺可被分解为吲哚和甲基吲哚。这两类物质是粪便臭味的主要来源。

4. 硫化氢的生成

半胱氨酸在肠道细菌脱硫化氢酶的作用下,直接产生硫化氢。

5. 氨的生成

未被吸收的氨基酸在肠道细菌的作用下脱氨基生成氨。血液中的尿素可透过肠黏膜进入肠道,在肠黏膜及细菌脲酶的作用下,尿素被分解为氨,是肠道氨的另一来源。这些氨均可被吸收入血在肝脏合成尿素。降低肠道的 pH,可减少氨的吸收。

第三节　氨基酸的一般代谢

一、氨基酸代谢的概况

食物蛋白质经过消化吸收后进入体内的氨基酸称为外源性氨基酸。机体各组织的蛋白质分解生成的及机体合成的氨基酸称为内源性氨基酸。在血液和组织中分布的氨基酸称为氨基酸代谢库(aminoacid metabolic pool)。各组织中氨基酸的分布不均匀。氨基酸的主要功能是合成蛋白质,也参与合成多肽及其他含氮的生理活性物质。除维生素外,体内的各种含氮物质几乎都可由氨基酸转变而来。氨基酸在体内代谢的基本情况概括如图8-2。大部分氨基酸的分解代谢在肝脏进行,氨的解毒过程也主要在肝脏进行。

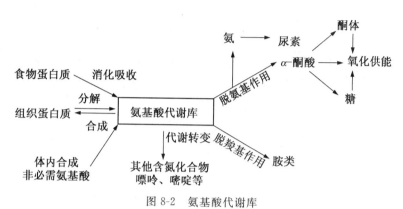

图 8-2　氨基酸代谢库

二、氨基酸的脱氨基作用

脱氨基作用是指氨基酸在酶的催化下脱去氨基生成 α-酮酸的过程,是体内氨基酸分解代谢的主要途径。脱氨基作用主要有氧化脱氨基、转氨基、联合脱氨基、嘌呤核苷酸循环和非氧化脱氨基作用。

(一)氧化脱氨基作用

氧化脱氨基作用是指在酶的催化下氨基酸在氧化的同时脱去氨基的过程。组织中有几种催化氨基酸氧化脱氨的酶,其中以 L-谷氨酸脱氢酶最重要。

L-谷氨酸氧化脱氨基作用:由 L-谷氨酸脱氢酶(L-glutamatedehydrogenase)催化谷氨酸氧化脱氨。谷氨酸脱氢使辅酶 NAD^+ 还原为 $NADH+H^+$ 并生成 α-酮戊二酸和氨(图 8-3)。谷氨酸脱氢酶的辅酶为 NAD^+。

$$\underset{\text{L-谷氨酸}}{\overset{\displaystyle NH_2}{\underset{(CH_2)_2-COOH}{\overset{|}{CH}-COOH}}} \underset{NAD^+ \quad NADH+H^+}{\overset{\text{L-谷氨酸脱氢酶}}{\rightleftharpoons}} \underset{(CH_2)_2-COOH}{\overset{\displaystyle NH}{\overset{\|}{C}-COOH}} \underset{-H_2O}{\overset{+H_2O}{\rightleftharpoons}} \underset{\underset{\text{α-酮戊二酸}}{(CH_2)_2-COOH}}{\overset{\displaystyle O}{\overset{\|}{C}-COOH}} +NH_3$$

图 8-3　谷氨酸的氧化脱氨基作用

谷氨酸脱氢酶广泛分布于肝、肾、脑等多种细胞中。此酶活性高、特异性强,是一种不需氧的脱氢酶。谷氨酸脱氢酶催化的反应是可逆的。其逆反应为 α-酮戊二酸的还原氨基化,在体内营养非必需氨基酸合成过程中起着十分重要的作用。

(二)转氨基作用

转氨基作用:在转氨酶(transaminase ansaminase)的催化下,某一氨基酸的 α-氨基转移到另一种 α-酮酸的酮基上,生成相应的氨基酸;原来的氨基酸则转变成 α-酮酸(图 8-4)。转氨酶催化的反应是可逆的。因此,转氨基作用既属于氨基酸的分解过程,也可用于合成体内某些营养非必需氨基酸。

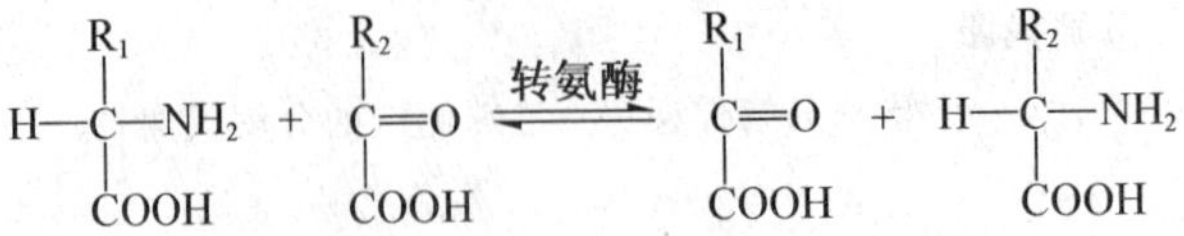

$$H-\underset{\underset{COOH}{|}}{\overset{\overset{R_1}{|}}{C}}-NH_2 \;+\; \underset{\underset{COOH}{|}}{\overset{\overset{R_2}{|}}{C}}=O \xrightleftharpoons{转氨酶} \underset{\underset{COOH}{|}}{\overset{\overset{R_1}{|}}{C}}=O \;+\; H-\underset{\underset{COOH}{|}}{\overset{\overset{R_2}{|}}{C}}-NH_2$$

图 8-4　转氨基作用

除赖氨酸、脯氨酸和羟脯氨酸外,体内大多数氨基酸可以参与转氨基作用。人体内有多种转氨酶分别催化特异氨基酸的转氨基反应,它们的活性高低不一。其中以谷丙转氨酶(glutamicpyruvic transaminase,GPT,又称 ALT)和谷草转氨酶(glutamic oxaloacetictransaminase,GOT,又称 AST)最为重要。它们催化下述反应(图 8-5)。

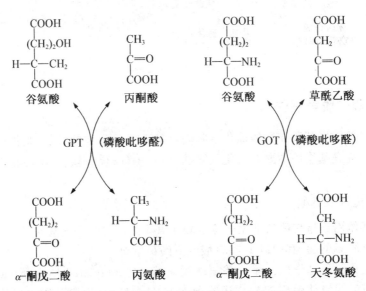

图 8-5　谷丙转氨酶和谷草转氨酶转氨基作用

转氨酶的分布很广,不同的组织器官中转氨酶活性高低不同,如心肌 GOT 最丰富,肝中则 GPT 最丰富。转氨酶为细胞内酶,血清中转氨酶活性极低。当病理改变引起细胞膜通透性增高、组织坏死或细胞破裂时,转氨酶大量释放,血清转氨酶活性明显增高。如急性肝炎病人血清 GPT 活性明显升高,心肌梗死病人血清 GOT 活性明显升高。这可用于相关疾病的临床诊断,也可作为观察疗效和预后的指标。

各种转氨酶的辅酶均为含维生素 B_6 的磷酸吡哆醛或磷酸吡哆胺。它们在转氨基反应中起着氨基载体的作用。在转氨酶的催化下,α-氨基酸的氨基转移到磷酸吡哆醛分子上,生成磷酸吡哆胺和相应的 α-酮酸;而磷酸吡哆胺又可将其氨基转移到另一 α-酮酸分子上,生成磷酸吡哆醛和相应的 α-氨基酸(图 8-6),可使转氨基反应可逆进行。

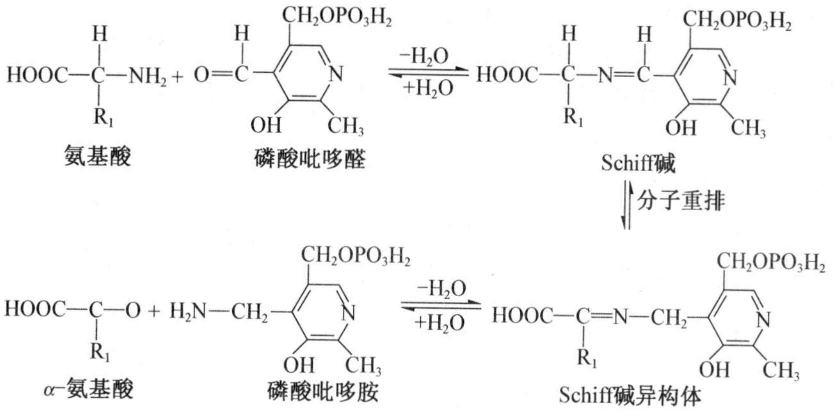

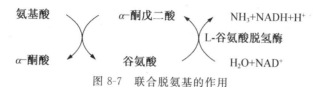

图 8-6　磷酸吡哆醛传递氨基的作用

（三）联合脱氨基作用

转氨基作用与氧化脱氨基作用联合进行，从而使氨基酸脱去氨基并氧化为 α-酮酸（α-ketoacid）的过程，称为联合脱氨基作用（图 8-7）。联合脱氨基作用可在大多数组织细胞中进行，是体内主要的脱氨基的方式。

图 8-7　联合脱氨基的作用

（四）嘌呤核苷酸循环

由于骨骼肌和心肌 L-谷氨酸脱氢酶活性较低，氨基酸不易借上述联合脱氨基作用方式脱氨基，但可通过转氨基反应与嘌呤核苷酸循环（purine nucleotide cycle）的联合脱去氨基（图 8-8）。在肌肉等组织中，氨基酸通过转氨基作用将其氨基转移到草酰乙酸上形成天冬氨酸，天冬氨酸

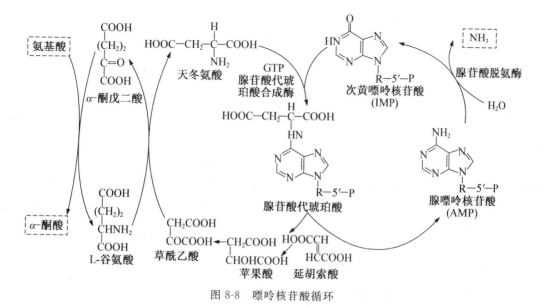

图 8-8　嘌呤核苷酸循环

可与次黄嘌呤核苷酸(IMP)作用,生成腺苷酸代琥珀酸,后者经酶催化裂解生成腺嘌呤核苷酸(AMP)并生成延胡索酸。肌组织中富含的腺苷酸脱氢酶可催化 AMP 脱下来自氨基酸的氨基,生成的 IMP 及延胡索酸可再参加循环。由此可见,此过程实际上也是另一种形式的联合脱氨基作用。

（五）非氧化脱氨基作用

个别氨基酸还可以通过特异脱氨基作用脱去氨基。如丝氨酸可在丝氨酸脱水酶的催化下脱水生成氨和丙酮酸,天冬氨酸酶催化天冬氨酸直接脱氨。

三、氨的代谢

体内氨主要自氨基酸代谢产生,氨是毒性物质,血氨增多对脑神经组织损害最明显。虽然氨在人体内不断产生,但肝脏有强大能力将氨转变为无毒的尿素,维持人血中氨极低浓度($<0.6mmol/L$),肝脏功能正常可防止血氨增加及导致的脑功能紊乱。除外,少部分氨可与谷氨酸结合成谷氨酰胺及作为氮源参与合成非必需氨基酸及其他含氮化合物。体内氨的来路与去路保持动态平衡。

（一）氨的来源和去路

1. 来源

人体内氨的主要来源有:组织中氨基酸的脱氨基作用、肾脏来源的氨和肠道来源的氨。

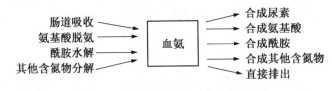

图 8-9　血氨的来源和去路

（1）氨基酸可经脱氨基反应生成氨　是体内氨的主要来源。此外,体内一些胺类物质也可分解释放出氨。

$$RCH_2NH_2 \longrightarrow RCHO + NH_3$$

（2）肾脏来源的氨　主要来自谷氨酰胺分解。血液中的谷氨酰胺流经肾脏时,在肾远曲小管上皮细胞中经谷氨酰胺酶催化分解为谷氨酸和氨,其他氨基酸在肾脏分解过程中也产生氨。

$$Gln \xrightarrow{\text{谷氨酰胺酶}} Glu + NH_3$$

（3）肠道来源的氨　一小部分来自蛋白质腐败作用,另一部分来自肠道菌脲酶对肠道尿素的分解。肠道产氨量大,每天可产生 4g 氨,并能被吸收入血。

因 NH_3 比 NH_4^+ 更容易透进细胞而吸收,当肠道内 pH 值低于 6 时,肠道内氨偏向于生成 NH_4^+,利于排出体外;肠道 pH 值较高时,肠道内的氨吸收增多。临床护理中给高血氨患者作灌肠治疗时,应禁忌使用碱性溶液如肥皂水灌肠,以免加重氨的吸收。为减少肾中 NH_3 的吸收,也不能使用碱性利尿药。

2. 去路

（1）肝脏合成尿素。

（2）氨与谷氨酸合成谷氨酰胺。

（3）氨的再利用：参与合成非必需氨基酸或其他含氮化合物（如嘧啶碱）。

（4）肾排氨：中和酸以铵盐形式排出。

（二）氨的转运

组织在代谢过程中产生的氨必须经过转运才能到达肝脏或肾脏。机体将有毒的氨转变为无毒的化合物，在血中安全转运。氨在体内的运输主要有丙氨酸和谷氨酰胺两种形式。

1. 丙氨酸-葡萄糖循环

肌肉蛋白质分解的氨基酸占机体氨基酸代谢库一半以上，肌肉中的氨基酸将氨基转给丙酮酸生成丙氨酸，后者经血液循环转运至肝脏再脱氨基，生成的丙酮酸经糖异生合成葡萄糖后再经血液循环转运至肌肉重新分解产生丙酮酸，通过这一循环反应过程即可将肌肉中氨基酸的氨基转移到肝脏进行处理。这一循环反应过程就称为丙氨酸-葡萄糖循环（图 8-10）。肌肉中的氨以无毒的丙氨酸形式运输到肝脏为肌肉提供了葡萄糖。

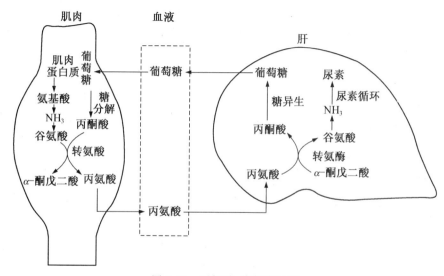

图 8-10　丙氨酸-葡萄糖循环

2. 谷氨酰胺的合成与运氨作用

谷氨酰胺的合成由谷氨酰胺合成酶（glutamine synthetase）催化，其合成需消耗 ATP。谷氨酰胺的合成与分解是由不同酶催化的不可逆反应（图 8-11）。

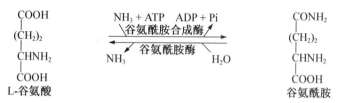

图 8-11　谷氨酰胺的合成与运氨作用

主要从脑、肌肉等组织向肝、肾运氨，是脑中解氨毒的一种重要方式，是氨的运输形式，也是氨的贮存、利用形式。临床上对氨中毒患者可服用或输入谷氨酸盐，以降低血氨的浓度。谷氨酰胺在肾脏分解生成谷氨酸和氨，氨与原尿 H^+ 结合形成铵盐随尿排出有利于调节酸碱平衡。

体内存在 L-天冬酰胺酶将天冬酰胺水解为天冬氨酸和氨，由于某些肿瘤生长需要大量获得谷氨酰胺及天冬酰胺，谷氨酰胺酶和天冬酰胺酶可作为抑肿瘤成分。如临床上常用天冬酰胺酶以减少血中天冬酰胺浓度,达到治疗白血病的目的。

（三）鸟氨酸循环与尿素的合成

体内氨的主要代谢去路是用于合成无毒的尿素。合成尿素的主要器官是肝脏,但在肾及脑中也可少量合成。尿素合成是经称为鸟氨酸循环的反应过程来完成的。催化这些反应的酶存在于胞液和线粒体中。

1. 尿素生成的合成过程如下：分为四个阶段

（1）氨基甲酰磷酸的合成   氨基甲酰磷酸合成酶Ⅰ（carbamoyl phosphate synthetase I, CPS-1）催化氨和 CO_2 在肝脏线粒体中合成氨基甲酰磷酸。此为一耗能反应,需 2 分子 ATP 和 Mg^{2+} 参与, N-乙酰谷氨酸（N-acetyl glutamatic acid, AGA）为 CPS-1 必需的变构激活剂。生成的含高能键的氨基甲酰磷酸有很强的反应活性。肝细胞中存在两种氨基甲酰磷酸合成酶,上述的 CPS-1 存在于肝细胞线粒体中,以 NH_3 为氮源,产物用于合成尿素。而另一种 CPS-Ⅱ存在于肝细胞胞液中,以谷氨酰胺为氮源,生成的氨基甲酰磷酸是嘧啶合成的前体。

（2）瓜氨酸的合成   线粒体中的鸟氨酸氨基甲酰转移酶（ornithine carbamoyl transferase, OCT）催化氨基甲酰磷酸与鸟氨酸缩合生成瓜氨酸。借助线粒体内膜上的特异载体,鸟氨酸不断由胞液转进线粒体,而生成的瓜氨酸由线粒体转入胞液。

（3）精氨酸的合成   瓜氨酸进入细胞浆,由精氨酸代琥珀酸合成酶（argininosucclnate synthetase）催化瓜氨酸与天冬氨酸缩合,为尿素合成提供第二个氨基。反应需要 ATP 和 Mg^{2+},生成产物精氨酸代琥珀酸。后者经过精氨酸代琥珀酸裂解酶（argininosucclnate, lyase）作用裂解生成精氨酸和延胡索酸。

反应中生成的延胡索酸在胞液中类似三羧酸循环相似反应,先生成苹果酸再脱氢生成草酰乙酸,后者再经转氨基作用接受多种其他氨基酸的氨基生成天冬氨酸,天冬氨酸作为氨基载体又可参与精氨酸生成反应。

（4）精氨酸水解及尿素的生成   肝细胞中的精氨酸酶催化精氨酸水解生成尿素和鸟氨酸。

鸟氨酸再重复上述循环过程。每经过一次循环,1 分子 CO_2 和 2 分子氨合成 1 分子尿素。尿素合成的全过程可用图 8-12 表示。

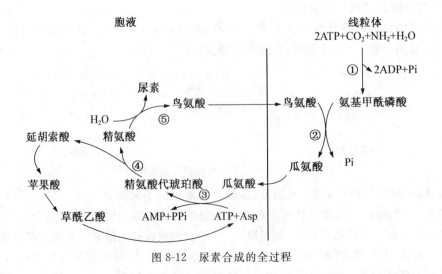

图 8-12 尿素合成的全过程

2. 尿素合成的特点

（1）合成主要在肝脏的线粒体和胞液中进行；

（2）合成 1 分子尿素需消耗 4 分子 ATP；

（3）精氨酸代琥珀酸合成酶是尿素合成的关键酶；

（4）尿素分子中的两个氮原子，一个来源于 NH_3，一个来源于天冬氨酸。

解除氨毒的主要方式是在肝脏中经鸟氨酸循环合成尿素。肝功能严重损害时，尿素合成障碍，氨在血中积聚导致水平增高。增高的血氨进入脑将引起脑细胞损害和功能障碍，临床上称为肝性脑病或肝昏迷。当血氨增高时，脑通过消耗大量 α 酮戊二酸氨基化以补充谷氨酸来合成谷氨酰胺以消耗大量的氨，此时三羧酸循环因中间产物 α-酮戊二酸的减少而减弱，脑组织缺乏 ATP 供能而发生功能障碍。肝中尿素合成途径的 5 个酶中任何一种有遗传性缺陷，也会导致先天性尿素合成障碍及高血氨。降低血氨有助于肝性脑病的治疗。常用的降低血氨的方法包括减少氨的来源如限制蛋白质摄入量、口服抗生素药物抑制肠道菌；增加氨的去路如给予谷氨酸以结合氨生成谷氨酰胺等。

[知识扩展]

尿素的合成受多种因素的调控，主要影响因素如下：

（1）食物的影响　　如高蛋白膳食者尿素合成速度加快，排泄的含氮物中尿素占80％～90％。

（2）氨基甲酰磷酸合成酶Ⅰ的调控　　氨基甲酰磷酸合成酶Ⅰ为尿素合成关键酶，N-乙酰谷氨酸是该酶必需的变构激活剂。精氨酸增加可作为激活剂增高 N-乙酰谷氨酸合成酶活性，促进尿素合成。

（3）鸟氨酸循环中酶系的调节作用　　精氨酸代琥珀酸合成酶是尿素合成的限速酶，其活性改变可调节尿素的合成速度。

四、α-酮酸的代谢

α-氨基酸经联合脱氨基作用或其他脱氨基方式生成的 α-酮酸有以下去路。

（一）重新氨基化生成营养非必需氨基酸

α-酮酸经氨基化接受氨基转变为非必需氨基酸。

（二）氧化生成 CO_2 和水

从图 8-13 可以看出，α-酮酸先转变成丙酮酸、乙酰辅酶 A 或三羧酸循环的中间产物，可经过三羧酸循环彻底氧化分解，产生 ATP 供能。氨基酸可作为能源物质，但此作用可被糖、脂肪替代。

（三）转变生成糖和脂肪

从图 8-13 可见，多数氨基酸能生成丙酮酸或三羧酸循环的中间产物，再经糖异生途径生成葡萄糖，这些氨基酸称为生糖氨基酸。亮氨酸能生成乙酰辅酶 A 转变为酮体，称为生酮氨基酸。少数氨基酸既能生成丙酮酸或三羧酸循环的中间产物，也能生成乙酰辅酶 A，这些氨基酸称为生糖兼生酮氨基酸。也可通过上述反应的逆过程合成营养非必需氨基酸。凡能生成乙酰辅酶 A 的氨基酸均能参与脂肪酸和脂肪的合成。

（四）糖、脂肪和蛋白质代谢的相互关系

糖在体内可以生成脂肪。糖代谢某些中间产物能参与合成营养非必需氨基酸的碳骨架；

但氨基仍来自蛋白质的分解,而 8 种营养必需氨基酸也需要由食物提供,因此糖不能转变为完整的蛋白质。脂肪分解时仅生成的甘油可作为糖异生的原料转变为糖。脂肪酸不能转变为糖,脂肪酸也不能转变成蛋白质。蛋白质在体内的主要功能是作为细胞的基本组成成分、补充组织蛋白质的消耗、更新组织蛋白质。剩余部分可转变为糖或脂肪在体内储存也可氧化分解供能,但这部分作用可由糖、脂肪替代,见图 8-13。

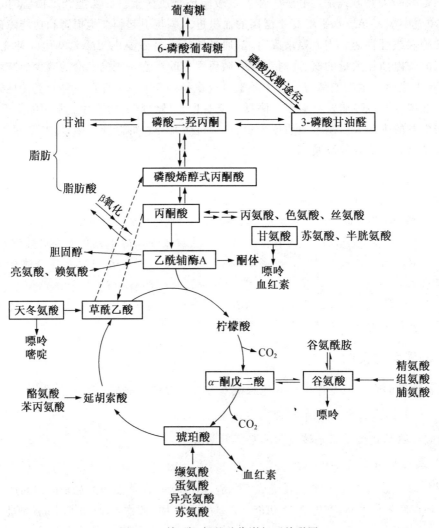

图 8-13　糖、脂、氨基酸代谢相互关联图

第四节　个别氨基酸代谢

一、氨基酸的脱羧基反应

氨基酸除可经脱氨基反应分解外,还可以脱羧基反应分解。这一类反应由氨基酸脱羧酶

催化,辅酶是磷酸吡哆醛。氨基酸脱羧产生相应的胺类,胺类有重要的生理功能。这些胺可由胺氧化酶等催化,氧化生成相应的醛进而氧化生成羧酸被代谢。反应由氨基酸脱羧酶(decarboxyase)催化,辅酶为磷酸吡哆醛,产物为 CO_2 和胺。

$$R—CH(NH_2)COOH \xrightarrow[\text{(磷酸吡哆醛)}]{\text{氨基酸脱羧酶}} R—CH_2NH_2 + CO_2$$

所产生的胺可由胺氧化酶氧化为醛、酸,酸可由尿液排出,也可再氧化为 CO_2 和水。下面举例说明几种氨基酸的脱羧基反应。

(一) γ-氨基丁酸

γ-氨基丁酸(GABA)是一种重要的神经递质,由 L-谷氨酸脱羧而产生。反应由 L-谷氨酸脱羧酶催化,在脑及肾中活性很高。

$$\underset{\text{谷氨酸}}{HOOCCH_2CH_2CH(NH_2)COOH} \xrightarrow{\text{L-谷氨酸脱羧酶}} \underset{\text{γ-氨基丁酸}}{HOOCCH_2CH_2CH_2NH_2} + CO_2$$

(二) 牛磺酸

半胱氨酸氧化生成磺基丙氨酸,再由磺基丙氨酸脱羧酶催化脱去羧基生成牛磺酸。牛磺酸是结合胆汁酸的重要组成成分。

$$\underset{\text{L-半胱氨酸}}{\begin{array}{c}CH_2SH\\|\\CH—NH_2\\|\\COOH\end{array}} \xrightarrow{3[O]} \underset{\text{磺酸丙氨酸}}{\begin{array}{c}CH_2SO_3H\\|\\CH—NH_2\\|\\COOH\end{array}} \xrightarrow[\;\;\;CO_2\;]{\text{磺酸丙氨酸脱羧酶}} \underset{\text{牛磺酸}}{\begin{array}{c}CH_2SO_3H\\|\\CH_2NH_2\end{array}}$$

(三) 组胺

组胺(histamine)由组氨酸脱羧产生,具有促进平滑肌收缩,促进胃酸分泌和强烈的舒血管作用,能使毛细血管舒张,引起局部水肿、血压下降;还可以刺激胃黏膜分泌胃蛋白酶和胃酸。组氨酸脱羧酶,主要存在于肥大细胞;组胺的释放与过敏反应和应激反应有关。

(四) 5-羟色胺

5-羟色胺(5-HT)也是一种重要的神经递质,且具有强烈的缩血管作用,但能扩张骨骼肌血管。5-羟色胺的合成原料是色氨酸,色氨酸在脑中首先由色氨酸羟化酶作用,生成 5-羟色氨酸,然后再由 5-羟色氨酸脱羧酶催化脱羧,生成 5-羟色胺。

(五) 多胺

某些氨基酸经脱羧作用可产生多胺(polyamines)(图 8-14)。如动物体内广泛存在鸟氨酸脱羧酶催化鸟氨酸脱羧产生腐胺;S-腺苷甲硫氨酸脱羧酶可催化 S-腺苷甲硫氨酸脱羧产生 S-腺苷-3-甲基硫基丙胺,在丙胺转移酶催化下,它的分子中丙胺基转移到腐胺分子上即可形成精脒(spermidine);在精脒分子上再加上一个丙胺基即可生成精胺(spermine)。

精脒和精胺是细胞内调节代谢的重要物质。实验证明,凡生长旺盛的组织,如胚胎、再生肝、肿瘤组织或动物给予生长激素后,鸟氨酸脱羧酶的活性和多胺含量均增加。多胺化合物促进细胞增殖的机理可能是稳定核酸及细胞结构,促进核酸和蛋白质的生物合成。

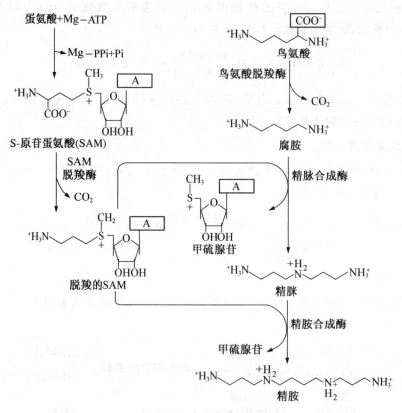

图 8-14　多胺合成过程

二、一碳单位代谢

(一)一碳单位概念和形式

1. 概念

某些氨基酸在分解代谢过程中可以产生含有一个碳原子的基团,称为一碳单位(one carbon unit),这些基团通常由其载体携带参加代谢反应。有关一碳单位的生成和转移的代谢称为一碳单位代谢。

2. 载体

一碳单位不能游离存在,一碳单位(one carbon unit)通常由其载体携带,常见的载体有四氢叶酸(FH_4)(tetrahydrofolic acid,FH_4 或 THFA)和 S-腺苷同型半胱氨酸,有时也可为维生素 B_{12}。CO_2 不属于一碳单位。

四氢叶酸是由维生素叶酸转变而来的。叶酸在二氢叶酸还原酶的催化下,由 NADPH$^+$ 作供氢体,加氢还原生成 7,8-二氢叶酸(FH_4),进一步还原生成 5,6,7,8-四氢叶酸。一碳单位通常结合在四氢叶酸分子的第 5 和第 10 位氮原子上。以 N_5 和 N_{10} 表示。(图 8-15)

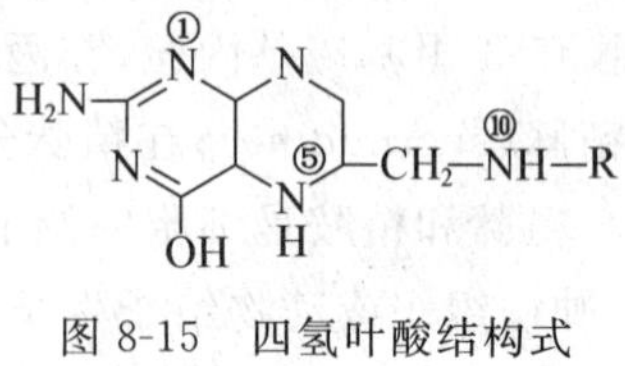

图 8-15　四氢叶酸结构式

3. 形式

一碳单位包括甲酰基（—CHO, formyl）、亚氨甲基（—CH＝NH, formimino）、甲炔基（—CH＝, methenyl）、甲烯基（—CH$_2$—, methylene）和甲基（—CH, methyl）。

常见的一碳单位的四氢叶酸衍生物有：

（1）N$_{10}$-甲酰四氢叶酸（N$_{10}$—CHO—FH$_4$）。

（2）N$_5$-亚氨甲基四氢叶酸（N$_5$—CH＝NH—FH$_4$）。

（3）N$_5$,N$_{10}$-亚甲基四氢叶酸（N$_5$,N$_{10}$—CH$_2$—FH$_4$）。

（4）N$_5$,N$_{10}$-次甲四氢叶酸（N$_5$,N$_{10}$＝CH—FH$_4$）。

（5）N$_5$-甲基四氢叶酸（N$_5$—CH$_3$—FH$_4$）。

（二）一碳单位的来源

一碳单位主要来自于丝氨酸（Ser）、甘氨酸（Gly）、组氨酸（His）、色氨酸（Trp）代谢。

1. 色氨酸在分解代谢过程中生成的甲酸与四氢叶酸反应，生成 N$_{10}$-甲酰四氢叶酸（N$_{10}$—CHO—FH$_4$）。

2. 组氨酸可在体内分解生成亚氨甲基谷氨酸。亚氨甲基谷氨酸的亚氨甲基转移至四氢叶酸上可生成 N$_5$-亚氨甲基四氢叶酸（N$_5$—CH＝NH—FH$_4$），后者可再脱氨生成 N$_5$,N$_{10}$-亚甲基四氢叶酸（N$_5$,N$_{10}$—CH$_2$—FH$_4$）。

（三）一碳单位的相互转变

不同形式的与四氢叶酸结合的一碳单位之间可通过氧化还原反应彼此转化，N$_5$-甲基四氢叶酸（N$_5$—CH$_3$—FH$_4$）。在体内不能直接产生，可由 N$_5$,N$_{10}$-亚甲基四氢叶酸（N$_5$,N$_{10}$—CH$_2$—FH$_4$）还原生成，见图 8-16。

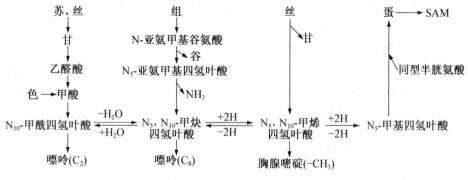

图 8-16 一碳单位的相互转变

（四）一碳单位的生理功能

一碳单位是合成嘌呤核苷酸和嘧啶核苷酸的原料，与 DNA、RNA 的合成关系密切，如 N$_5$,N$_{10}$—CH$_2$—FH$_4$ 直接提供甲基用于 dUMP 向 dTMP 的转化，N$_{10}$—CHO—FH$_4$ 和 N$_5$,N$_{10}$＝CH—FH$_4$ 分别参与嘌呤碱中 C$_2$、C$_8$ 原子的生成。

一碳单位代谢将氨基酸与核苷酸代谢及一些重要物质的生物合成联系起来。

叶酸缺乏，产生巨幼红细胞性贫血。磺胺药及某抗癌药（氨甲蝶呤等）正是分别通过干扰细菌及瘤细胞的叶酸、四氢叶酸合成，进而影响核酸合成而发挥药理作用的。

三、含硫氨基酸的代谢

(一)甲硫氨酸的代谢

甲硫氨酸(蛋氨酸)除参与转甲基作用外,还能产生半胱氨酸。因此,保证食物中半胱氨酸的供应可以减少甲硫氨酸的消耗。

1. 甲硫氨酸与转甲基作用生成 S-腺苷甲硫氨酸 (S-adenosyl methionine,SAM)。

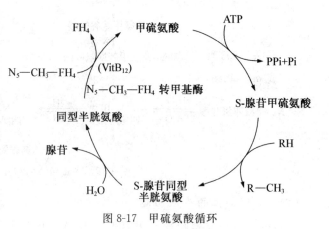

SAM 中的甲基是高度活化的,称活性甲基,SAM 称为活性甲硫氨酸。SAM 提供甲基可参与体内多种物质合成,例如肌酸、肾上腺素、胆碱等。

2. 甲硫氨酸循环

在上述重要化合物生成的转甲基过程中,在甲基转移酶作用下,s-腺苷甲硫氨酸可将甲基转移至作为甲基受体的化合物前体,生成 s-腺苷同型半胱氨酸,再去掉腺苷生成同型半胱氨酸。同型半胱氨酸可接受 N_5—CH_3—FH_4 的甲基转变成甲硫氨酸。这样就构成甲硫氨酸循环 (methionine cycle),见图 8-17。通过这一循环完成大量重要化合物的甲基化。N_5—CH_3—FH_4 可视为叶酸在体内的储存形式,而 N_5—CH_3—FH_4 在体内利用的唯一途径就是在该循环中与同型半胱氨酸反应生成甲硫氨酸并使四氢叶酸再生,生成的 FH_4 可再参与一碳单位的代谢。催化 N_5—CH_3—FH_4 生成 FH_4 的甲基转移酶的辅酶是维生素 B_{12} 的衍生物。维生素 B_{12} 缺乏将导致 N_5—CH_3—FH_4 的堆积,组织中可使用的游离四氢叶酸减少,阻碍其对一碳单位转运,干扰核酸合成及细胞分裂。因此,维生素 B_{12} 缺乏症往往有叶酸缺乏症的临床表现,导致巨幼红细胞性贫血。

图 8-17　甲硫氨酸循环

(二)半胱氨酸与胱氨酸代谢

1. 半胱氨酸与胱氨酸的互变

蛋白质中两个半胱氨酸之间通过二硫键生成胱氨酸对形成蛋白质结构起着重要作用。体内许多酶的活性与其半胱氨酸上的巯基有关,因而称巯基酶。半胱氨酸与胱氨酸的互变参与体内许多氧化还原反应。

2. 硫酸根的代谢

含硫氨基酸氧化分解均可产生硫酸根,硫酸根经 ATP 活化生成活性硫酸根 PAPS：3′-磷酸腺苷-5′-磷酸硫酸。PAPS 的性质活泼,在肝脏的生物转化中有重要作用。例如类固醇激素可与 PAPS 结合成硫酸酯而被灭活,一些外源性酚类亦可形成硫酸酯而增加其溶解性以利于从尿于排出。

$$ATP+SO_4^{2-} \xrightarrow{-PPi} ATP-SO_3^- \xrightarrow{+ATP} 3-PO_3H_2-AMP-SO_3^- + ADP$$
腺苷-5′-磷酸硫酸　　　　　　　　　　PAPS

$$^-O_3S-O-\underset{\underset{OH}{|}}{\overset{\overset{O}{\|}}{P}}-O-CH_2-腺嘌呤$$

H_2O_3PO　　OH

PAPS的结构

四、芳香族氨基酸的代谢

(一) 苯丙氨酸和酪氨酸的代谢

1. 苯丙氨酸转变为酪氨酸

正常情况下苯丙氨酸经羟化生成酪氨酸。

COOH
CHNH_2
CH_2 ＋ O_2　　　　苯丙氨酸羟化酶　　　　　　　　　COOH
四氢生物嘌呤　　　　二氢生物嘌呤　　　　　　CHNH_2
NADP^+　　　NADHP+H^+　　　　　　CH_2 ＋ H_2O

苯丙氨酸　　　　　　　　　　　　　　　　OH
　　　　　　　　　　　　　　　　　酪氨酸

2. 酪氨酸代谢

酪氨酸进一步代谢与合成某些神经递质、激素及黑色素有关(图 8-18)。

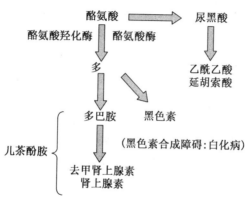

图 8-18　酪氨酸代谢

（1）儿茶酚胺的合成　　多巴胺、去甲肾上腺素、肾上腺素统称为儿茶酚胺。多巴胺是脑中的一种神经递质,帕金森病就是多巴胺生成减少。

（2）黑色素的合成　　人体缺乏酪氨酸酶,黑色素合成产生障碍,皮肤、毛发发白,称为白化病。

（3）酪氨酸分解代谢　　酪氨酸经转氨基作用生成对羟基苯丙酮酸,进一步分解则生成乙酰乙酸和延胡索酸,所以是生糖兼生酮氨基酸。

3.代谢障碍

（1）当苯丙氨酸羟化酶缺乏时,苯丙氨酸经转氨酶的转氨作用形成苯丙酮酸,出现苯丙酮酸尿症(图 8-19)。

（2）白化病患者色素细胞内酪氨酸酶缺陷时黑色素生成受阻。

（3）帕金森病(Parkinson's disease)　　由于脑生成多巴胺的功能退化所致的一种严重的神经系统疾病。临床常用 L-多巴治疗,L-多巴本身不能通过血脑屏障无直接疗效,但在相应组织中脱羧可生成多巴胺达到治疗作用。目前,采用将大脑中移植肾上腺髓质,借此生成多巴胺,以弥补脑中多巴胺不足,取得较好疗效。

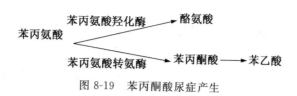

图 8-19　苯丙酮酸尿症产生

（二）色氨酸代谢

色氨酸除生成 5-羟色胺外，还可进行分解代谢，是生糖兼生酮氨基酸（图 8-20）。

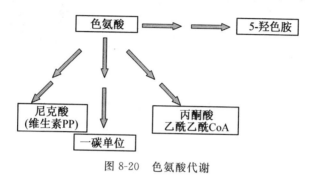

图 8-20　色氨酸代谢

五、支链氨基酸的代谢

亮氨酸（Leu）、异亮氨酸（Ile）、缬氨酸（Val）三者均为必需氨基酸，三者代谢开始步骤基本相同，即通过转氨基作用生成相应的酮酸，再分别进行酮酸代谢。

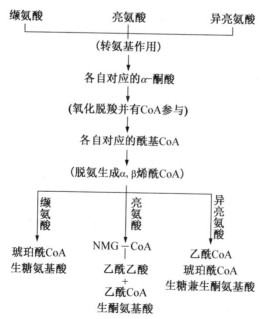

图 8-21　亮氨酸（Leu）、异亮氨酸（Ile）、缬氨酸（Val）代谢

第九章

核苷酸代谢

核苷酸是核酸的基本结构单位。各种核苷酸是体内合成大分子 DNA 和 RNA 的前体,人体内的核苷酸来源主要由机体细胞自身合成。因此,食物提供的核苷酸不是人体健康存活的必需物质。

核苷酸在人体内广泛分布,具有多种生物学功能:① 核苷酸是构成核酸的基本单位,这是其最主要的功能。② ATP 是生命活动唯一被直接利用的能源分子。③ ATP 可转移高能键合成 GTP、UTP、CTP 等,它们可在代谢中作为活化中间物的载体。如:UDP 携带糖基参加糖原,糖蛋白的合成,CDP-胆碱或 CDP-甘油二酯是甘油磷脂合成的活性中间物,GTP 作为蛋白质生物合成的能量供体。④ 参与代谢和生理调节:许多代谢过程受体内 ATP、ADP 或 AMP 水平的调节。cAMP(或 cGMP)是多种细胞膜激素受体发挥调节作用的第二信使。⑤ 组成辅酶,如腺苷酸可作为 NAD^+、$NADP^+$、FMN、FAD 及 CoA 等的组成成分。

食物中核酸与蛋白结合以核蛋白(nucleoproteins)的形式存在,在胃中受胃酸作用水解为核酸和蛋白质,核酸进入小肠后,受胰液和肠液的各种水解酶催化逐步水解(图 9-1)。各种核苷酸及其水解产物可被肠黏膜细胞吸收,但其中的绝大部分即在肠黏膜细胞中进一步降解。

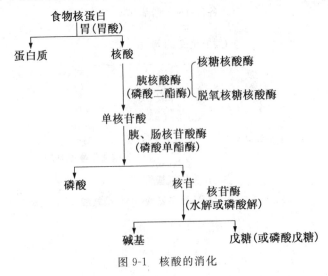

图 9-1 核酸的消化

分解产生的戊糖可进人体内糖代谢途径,被吸收而参加体内的戊糖代谢;嘌呤和嘧啶碱主要经相应反应途径降解为代谢终产物排出体外。

第一节　嘌呤核苷酸代谢

一、嘌呤核苷酸的合成代谢

哺乳类细胞嘌呤核苷酸的合成有两条途径。一是从头合成途径(de novo synthesis):用简单小分子磷酸核糖、氨基酸、一碳单位及 CO_2 等为原料,经过多步酶促反应,进行嘌呤核苷酸的合成。从头合成是嘌呤核苷酸的主要合成途径。另外是补救合成途径(salvage pathway):以细胞已有的嘌呤或嘌呤核苷为前体,经过酶促反应直接合成嘌呤核苷酸。两者在不同组织中的重要性各不相同,例如肝组织通过从头合成途径合成嘌呤核苷酸;脑、骨髓等进行补救合成。

（一）嘌呤核苷酸的从头合成

1. 从头合成途径

除某些细菌外,几乎所有的生物体都能合成嘌呤碱。同位素示踪试验证明,嘌呤核苷酸从头合成的前体物质是 5-磷酸核糖、谷氨酰胺、一碳单位、甘氨酸、CO_2 和天冬氨酸。5-磷酸核糖来自磷酸戊糖途径。图 9-2 表示嘌呤碱合成的元素来源。

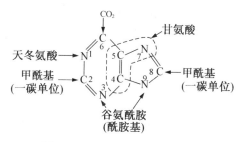

图 9-2　嘌呤碱合成的元素来源

嘌呤核苷酸从头合成过程在胞液中进行,涉及多个酶促反应。首先合成次黄嘌呤核苷酸(inosine monophosphate,IMP),然后 IMP 分别转变成腺嘌呤核苷酸(adenosine monophosphate,AMP)与鸟嘌呤核苷酸(guanosine monophosphate,GMP)。合成过程是耗能过程,由 ATP 供能。

（1）IMP 的合成　IMP 的合成由各种前体分子经 11 步反应合成 IMP(图 9-3)。

① 磷酸戊糖途径中产生的 5-磷酸核糖由磷酸核糖焦磷酸合成酶催化(PRPP 合成酶),产生磷酸核糖焦磷酸(phosphoribosyl pyrophosphate,PRPP),PRPP 作为活性的核糖供体。

② 由 PRPP 酰胺转移酶(amidotransferase)催化将谷氨酰胺的氨基转移给 PRPP 的磷酸核糖部分,形成 5-磷酸核糖胺(PRA)。PRA 极不稳定,半衰期为 30s。

③ 由 ATP 供能,甘氨酸与 PRA 缩合生成甘氨酰胺核苷酸(GAR)。

④ N^5,N^{10}-甲炔四氢叶酸提供甲酰基,使 GAR 甲酰化成甲酰甘氨酰胺核苷酸(FGAR)。

⑤ 由 ATP 供能,谷氨酰胺提供酰胺氮,使 FGAR 生成甲酰甘氨咪核苷酸(FGAM)。

⑥ 由 AIR 合成酶催化,消耗 ATP 使 FGAM 脱水环化形成 5-氨基咪唑核苷酸(AIR),合成出嘌呤环中的咪唑环部分。

⑦ 羧化酶催化 CO_2 连接到咪唑环上,生成 5-氨基咪唑-4-羧酸核苷酸(CAIR)。

⑧、⑨ 在 ATP 存在下,天冬氨酸与 CAIR 缩合,其产物裂解出延胡索酸,生成 5-氨基咪唑-4-甲酰胺核苷酸(AICAR)。

⑩ N^{10}-甲酰四氢叶酸提供第 2 个一碳单位,使 AICAR 甲酰化生成 5-甲酰胺基咪唑-4-甲酰胺核苷酸(FAICAR)。

⑪FAICAR 脱水环化,生成 IMP。

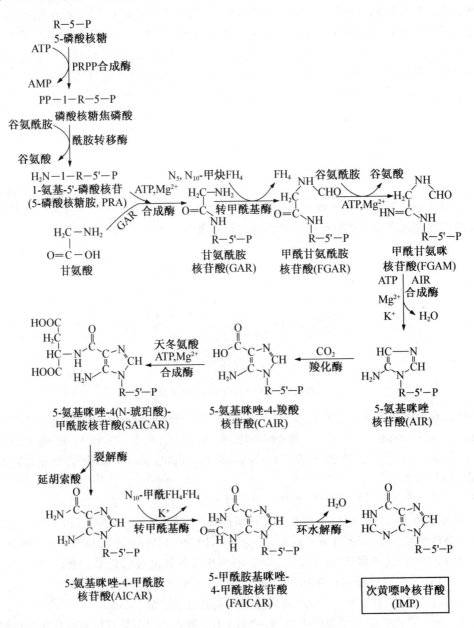

图 9-3　次黄嘌呤核苷酸的合成

（2）AMP 和 GMP 的生成　腺苷酸和鸟苷酸是 DNA、RNA 中共有的核苷酸组分,在从头合成途径中,IMP 作为共同前体,分别转变生成 AMP 和 GMP(图 9-4)。

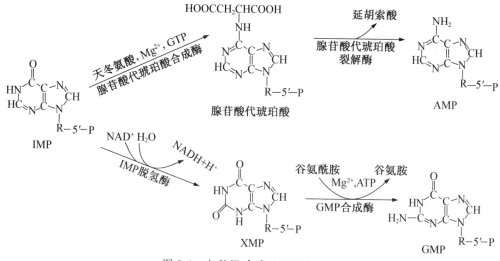

图 9-4　由 IMP 合成 AMP 及 GMP

从图 9-4 中可见,AMP 合成时由天冬氨酸提供氨基,GTP 作为供能分子;而 GMP 合成时,则由谷氨酰胺提供氨基而以 ATP 供能。各类嘌呤核苷酸可以相互转变,维持浓度相互平衡。AMP 和 GMP 在激酶的作用下,经过两步磷酸化反应,分别生成 ATP 和 GTP(图 9-5)。

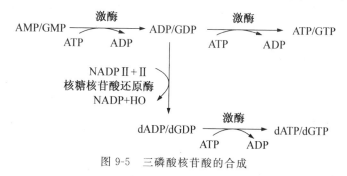

图 9-5　三磷酸核苷酸的合成

嘌呤核苷酸的合成是在磷酸核糖分子上逐步合成嘌呤环,而不是先完成嘌呤碱合成后再与磷酸核糖结合。这与嘧啶核苷酸的从头合成不同(见后),体内从头合成嘌呤核苷酸的主要器官是肝脏,其次是小肠黏膜及胸腺。现已证明,某些细胞缺乏从头合成嘌呤核苷酸的能力。

2. 从头合成的调节

体内嘌呤核苷酸主要依靠从头合成的方式产生,需要消耗氨基酸等原料及大量 ATP。机体对其合成速度进行着精确的调节,调节合成嘌呤核苷酸的含量、相互比例、合成时间等方面,以适应机体合成核酸时对嘌呤核苷酸的需要,并以最大的可能节省物质和能量。调节的机理是对途径关键酶催化的反应活性进行反馈调节(图 9-6)。

PRPP 合成酶和 PRPP 酰胺转移酶为嘌呤核苷酸合成起始阶段的关键酶,均可被合成产物 AMP 及 GMP 等抑制。PRPP 酰胺转移酶是一类别构酶,其单体有活性,二聚体无活性。IMP、AMP 及 GMP 促进其单体聚合转变成无活性的二聚体状态,而 PRPP 作用则相反。PRPP 合成酶在嘌呤核苷酸合成调节中,可能起着更重要的作用。PRPP 合成的速度受 5′-磷

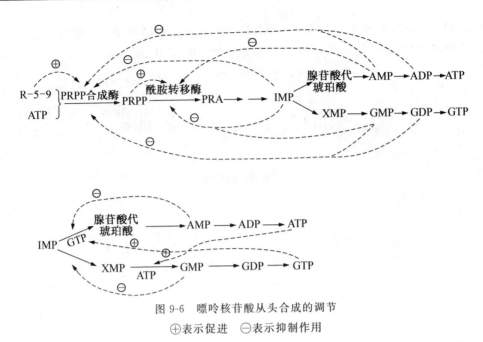

图 9-6　嘌呤核苷酸从头合成的调节

⊕表示促进　　⊖表示抑制作用

酸核糖的供应及 PRPP 合成酶活性两方面的影响。嘌呤核苷酸作为变构效应剂抑制 PRPP 合成酶活性。IMP 转变为 AMP 与 GMP 的反应途径可被相应产物 AMP、GMP 分别独立地反馈抑制；AMP 浓度增加可通过激活关键酶交叉促进 GMP 生成，GMP 同样也促进 AMP 生成，而且 AMP 合成需要 GTP，GMP 合成需要 ATP。由此可见，GTP 促进 AMP 生成，ATP 也促进 GMP 生成。这种交叉调节作用对维持 ATP 与 GTP 浓度的平衡有着重要的意义。

（二）嘌呤核苷酸的补救合成

细胞重新利用嘌呤碱或嘌呤核苷合成嘌呤核苷酸，称为补救合成。补救合成途径比较简单，耗能量少。在这条途径中有两种特异性不同的酶参与：腺嘌呤磷酸核糖转移酶（adenine phosphoribosyl transferase，APRT）和次黄嘌呤-鸟嘌呤磷酸核糖转移酶（hypoxanthine-guanine phosphoribosyl transferase，HGPRT）。由 PRPP 提供磷酸核糖，分别催化 AMP 和 IMP、GMP 的补救合成。

$$腺嘌呤 + PRPP \xrightarrow{APRT} AMP + PPi$$

$$次黄嘌呤 + PRPP \xrightarrow{HGPRT} IMP + PPi$$

$$鸟嘌呤 + PRPP \xrightarrow{HGPRT} GMP + PPi$$

APRT 受 AMP 的反馈抑制，HGPRT 受 IMP 与 GMP 的反馈抑制。另外腺苷激酶催化下，腺嘌呤核苷可磷酸化生成 AMP。

$$腺嘌呤核苷 \xrightarrow[\substack{ATP \qquad ADP}]{腺苷激酶} AMP$$

嘌呤核苷酸补救合成的生理意义在于：一是可节省从头合成时的能量和一些氨基酸前体的消耗，二是机体的某些组织器官如：脑、红细胞、多形核白细胞等从头合成嘌呤核苷酸的酶活性缺陷，它们只能利用肝细胞产生的自由嘌呤碱及嘌呤核苷补救合成嘌呤核苷酸。补救合成途径对这些组织细胞具有更重要的意义。例如，由于基因缺欠而导致的 HGPRT 完全缺失的患儿,表现为自毁容貌征或称 Lesch-Nyhan 综合征,表现为智力减退、有自身残毁行为等,并伴有高尿酸血症。这是一种遗传代谢病。

（三）脱氧（核糖）核苷酸的生成

在相应 4 种糖核苷酸的二磷酸核苷（NDP）水平通过体内的脱氧核苷酸还原酶以氢取代其核糖分子中 2 位碳原子的羟基而还原产生 4 种脱氧核糖核苷酸,用于生物体内 DNA 合成。反应式如下:

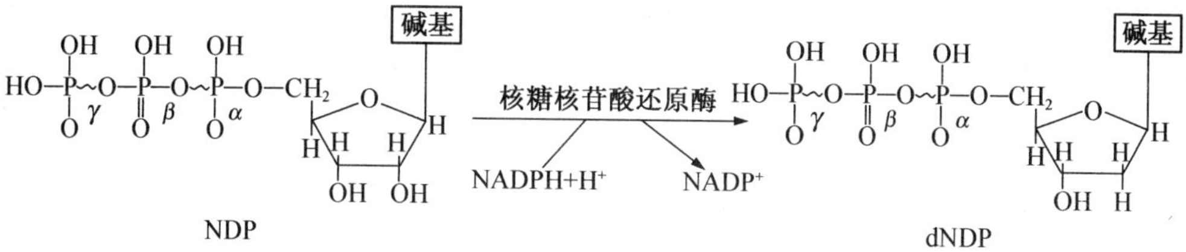

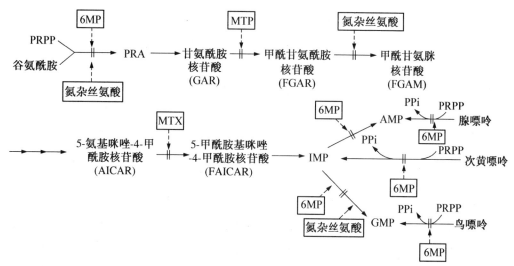

图 9-7　脱氧核苷酸的生成

生成的各种 dNDP 经过激酶的作用,由 ATP 磷酸化生成 dNTP

$$dNDP + ATP \xrightarrow{\text{激酶}} dNTP + ADP$$

（四）嘌呤核苷酸的抗代谢物

嘌呤核苷酸的抗代谢药物主要是指一些嘌呤、氨基酸或叶酸等的类似物。嘌呤核苷酸的抗代谢药物以竞争抑制的方式干扰或阻断嘌呤核苷酸的合成,从而阻止了核酸和蛋白质的合成。利用这一原理,这些抗代谢药物通过抑制肿瘤细胞的核酸和蛋白质的旺盛合成而达到治疗作用。

嘌呤类似物有 6-巯基嘌呤（6-mercaptopurine,6MP）、6-巯基鸟嘌呤、8-氮杂鸟嘌呤等。6MP 可在体内经磷酸核糖化生成 6-MP 核苷酸,抑制 IMP 转化成 AMP 及 GMP。6-MP 通过竞争抑制次黄嘌呤-鸟嘌呤磷酸核糖转移酶,阻止了嘌呤核苷酸的补救途径。另外,6-MP 核苷酸结构与 IMP 相似,因而抑制了 PRPP 酰胺转移酶活性,干扰了磷酸核糖胺的合成,阻断了嘌呤核苷酸的从头合成。（图 9-8）

图 9-8　嘌呤核苷酸抗代谢物的作用

╫►表示抑制

　　氨基酸的类似物有氮杂丝氨酸(azaserine)及 6-重氮-5-氧正亮氨酸(diazonorleucine)等。由于结构与谷氨酰胺相似,干扰了谷氨酰胺在嘌呤核苷酸合成中的作用。

　　叶酸的类似物有氨蝶呤(aminopterin)及甲氨蝶呤(methotrexate,MTX),能竞争性抑制二氢叶酸还原酶,从而抑制四氢叶酸的合成,抑制了嘌呤核苷酸合成时一碳单位的供给。MTX 在临床上用于白血病等癌症治疗。

　　应该注意,抗代谢药物缺乏对肿瘤细胞的特异性,在对癌症的治疗的同时对增殖旺盛的某些组织也有杀伤性,显示出较大的副作用。

二、嘌呤核苷酸的分解代谢

　　体内核苷酸的分解代谢类似于食物中核苷酸的消化吸收过程。嘌呤核苷酸分解主要在肝脏、小肠及肾脏进行。在核苷酸酶催化下各种核苷酸水解成核苷,核苷经核苷磷酸化酶磷酸解生成游离的碱基及 1-磷酸核糖。1-磷酸核糖可进入糖代谢,转变为 5-磷酸核糖,成为 PRPP 的原料,用于合成新的核苷酸;也可经磷酸戊糖途径氧化分解。游离的嘌呤碱既可以参加核苷酸的补救合成,也可在体内分解最终生成尿酸(uric acid),随尿排出体外,具体反应过程如图 9-9。

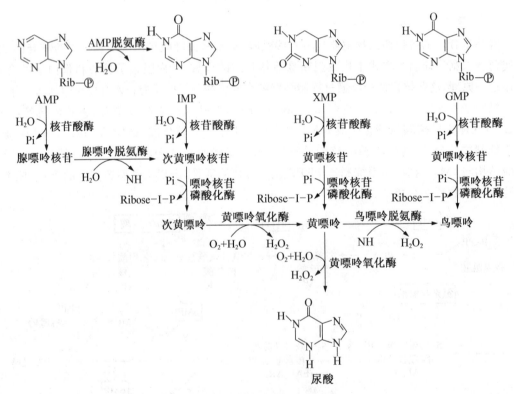

图 9-9　嘌呤核苷酸的分解代谢

　　哺乳动物中,腺苷和脱氧腺苷不能由嘌呤核苷磷酸化酶(purine nucleoside phosphorylase,PNP)分解,而是在核苷和核苷酸水平上分别由腺苷脱氨酶(adenosine deaminase,ADA)和腺苷酸脱氨酶(AMP deaminase)催化脱氨生成次黄嘌呤核苷或次黄嘌呤核苷酸。它们再水解成次黄嘌呤,并在黄嘌呤氧化酶(xanthine oxidase)的催化下逐步氧化为黄嘌呤和尿酸(uric acid)。ADA 的遗传性缺乏,可选择性清除淋巴细胞,导致严重联合免疫缺陷病(severe combined immunodeficiency disease,SCID)。

　　尿酸是人体嘌呤碱代谢的终产物,从肾脏排出,正常成人每天排出尿酸 400~600mg。正常成人血浆中尿酸含量为 0.12~0.36mmol/L(2~6mg/dL)。男性略高于女性。尿酸水溶性较差。痛风症(gout)患者血中尿酸含量过高,当血中尿酸含量超过 8mg/dL 时,尿酸盐晶体可在关节、软组织、软骨及肾等处沉积,引起关节炎、尿路结石及肾疾病。痛风症多见于成年男性,可能由于某些嘌呤核苷酸代谢相关酶遗传性缺陷,从而导致嘌呤核苷酸过量产生,引起高尿酸血症。另外进食高嘌呤饮食、体内核酸大量分解(如白血病、恶性肿瘤等)或肾疾病产生的尿酸排泄障碍,也可能导致血中尿酸升高。临床上常用次黄嘌呤结构类似物别嘌呤醇(allopurinol)治疗痛风症。别嘌呤醇通过竞争性抑制黄嘌呤氧化酶,而抑制尿酸的生成,或转变为 IMP 类似的别嘌呤核苷酸,反馈抑制嘌呤核苷酸的从头合成,减少尿酸产生量。

第二节　嘧啶核苷酸代谢

一、嘧啶核苷酸的合成代谢

体内嘧啶核苷酸的合成也有从头合成与补救合成两条途径。

（一）嘧啶核苷酸的从头合成

1. 从头合成途径

从头合成途径是指利用一些简单的前体物逐步合成嘧啶核苷酸的过程。该过程主要在肝脏的胞液中进行。同位素示踪实验证明,嘧啶核苷酸从头合成的原料来自天冬氨酸、谷氨酰胺和 CO_2。如图 9-10 所示。

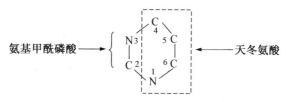

图 9-10　嘧啶碱合成的元素来源

2. 从头合成途径的过程

嘧啶核苷酸从头合成途径首先生成 UMP,其合成过程如下:

（1）尿嘧啶核苷酸的合成　嘧啶环的合成由 6 步反应完成。第一步是生成氨基甲酰磷酸。肝细胞液中的氨基甲酰磷酸合成酶Ⅱ(CPS-Ⅱ)以 Gln、CO_2、ATP 为原料合成氨基甲酰磷酸。后者在天冬氨酸转氨甲酰酶的催化下,转移 1 分子天冬氨酸,从而合成氨甲酰天冬氨酸,然后再经脱氢、脱羧、环化等反应,合成第一个嘧啶核苷酸,即 UMP。

$$Gln+CO_2+2ATP \longrightarrow 氨基甲酰磷酸 \longrightarrow 氨甲酰天冬氨酸 \longrightarrow 乳清酸 \longrightarrow UMP$$ 具

体合成步骤见图 9-11。

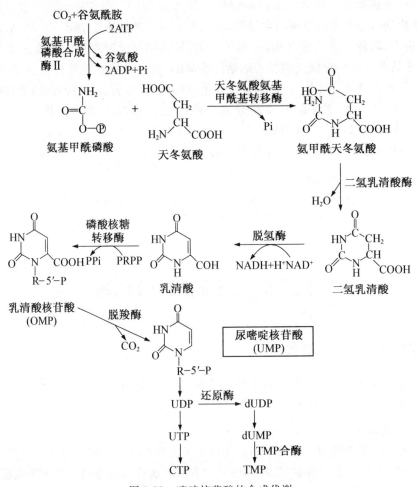

图 9-11　嘧啶核苷酸的合成代谢

（2）CTP 的合成　UMP 经尿苷酸激酶和二磷酸核苷激酶的连续催化从 ATP 两次转移磷酸基生成 UTP。并在 CTP 合成酶作用下,消耗 1 分子 ATP,由谷氨酰胺提供氨基转变为 CTP。

$$UMP \xrightarrow[\text{ATP}\quad\text{ADP}]{\text{激酶}} UDP \xrightarrow[\text{ATP}\quad\text{ADP}]{\text{激酶}} UTP \xrightarrow[\text{Gln+ATP}\quad\text{Gln+ADP+Pi}]{\text{CTP合成}} CTP$$

（3）脱氧胸腺嘧啶核苷酸(dTMP 或 TMP)的生成　脱氧胸腺嘧啶核苷酸是 DNA 特有的组分。dTMP 是由 dUMP 经甲基化而生成,反应由胸苷酸合酶(thymidylate synthase)催化,N^5,N^{10}-甲烯四氢叶酸作为甲基供体,反应后生成的二氢叶酸再经二氢叶酸还原酶的作用,生成四氢叶酸。四氢叶酸携带的一碳单位一方面作为嘌呤从头合成的前体,另一方面又能参与脱氧胸苷酸的合成,与各种核苷酸合成代谢都密切相关。dUMP 在体内经两条途径生成:主要经 dCMP 脱氨基生成,也可经 dUDP 水解除去磷酸生成 dUMP(图 9-12)。

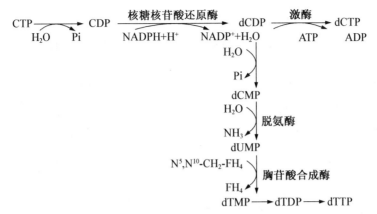

图 9-12　脱氧胸腺嘧啶核苷酸的生成

3. 从头合成的调节

细菌中,天冬氨酸氨基甲酰转移酶是主要的调节酶;而人和哺乳类动物细胞中嘧啶核苷酸合成的调节酶则主要是 CPS-Ⅱ,UMP 反馈抑制这两种酶的活性。PRPP 合成酶催化产生嘧啶与嘌呤两类核苷酸合成的共同前体,两类核苷酸可反馈抑制其活性。此外,在哺乳类动物细胞中嘧啶核苷酸合成起始和终末的两个多功能酶还可受到阻遏或去阻遏的调节。嘧啶与嘌呤的合成产物可相互调控合成过程,使两者的合成速度平行。图 9-13。

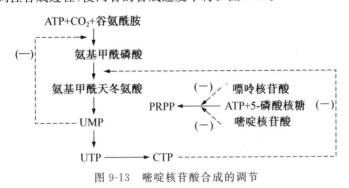

图 9-13　嘧啶核苷酸合成的调节

(二) 嘧啶核苷酸的补救合成

由分分解代谢产生的嘧啶/嘧啶核苷转变为嘧啶核苷酸的过程称为补救合成途径。以嘧啶核苷的补救合成途径较重要。

嘧啶磷酸核糖转移酶是催化嘧啶核苷酸补救合成的主要酶,反应式如下:

$$U/T+PRPP \xrightarrow{\text{嘧啶磷酸核糖转移酶}} UMP/TMP+PPi$$

此酶能催化尿嘧啶、胸腺嘧啶及乳清酸转变为相应核苷酸,但对胞嘧啶不起作用。

胞嘧啶核苷酸的补救途径由尿苷胞苷激酶催化完成,反应如下:

$$UR/CR \xrightarrow[\text{ATP} \qquad \text{ADP}]{\text{尿苷胞苷激酶}} RMP/CMP$$

胸苷激酶在正常肝中活性很低,再生肝中活性升高,恶性肿瘤中明显升高,并与恶性程度有关,因而可作为临床检验指标。

（三）嘧啶核苷酸的抗代谢药物

嘧啶抗代谢药物是一些嘧啶、氨基酸和叶酸的类似物。它们对代谢的影响和抗肿瘤作用与嘌呤抗代谢药物作用相似。

嘧啶的类似物主要有 5-氟尿嘧啶（5-fluorouracil，5-FU），结构与胸腺嘧啶相似。5-FU 本身无生物学活性，在体内转变成磷酸脱氧核糖氟尿嘧啶核苷（FdUMP）及三磷酸氟尿嘧啶核苷（FUTP），FdUMP 与 dUMP 结构相似，抑制胸苷酸合成酶，阻断 dUMP 的合成。FUTP 水解产生的 FUMP 可以参加 RNA 的生物合成，这种异常的掺入破坏了 RNA 的结构和功能。

嘧啶核苷酸类似物的作用环节见图 9-14。

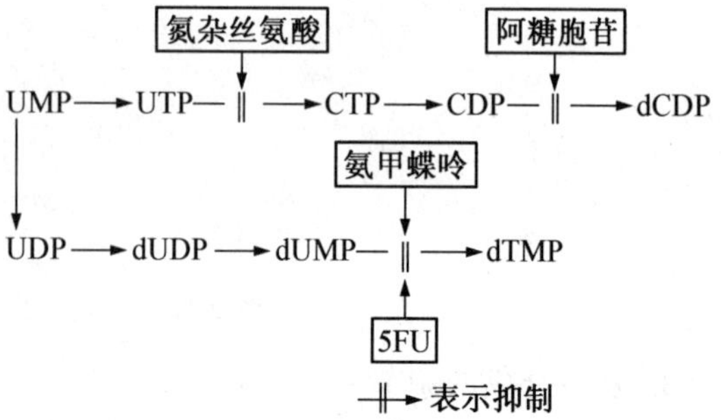

图 9-14　嘧啶核苷酸类似物的作用

二、嘧啶核苷酸的分解代谢

嘧啶核苷酸可首先在核苷酸酶和核苷磷酸化酶的催化下，除去磷酸和核糖，产生的嘧啶碱可在体内进一步分解代谢。不同的嘧啶碱其分解代谢的产物不同，其降解过程主要在肝脏进行。

胞嘧啶脱氨基形成尿嘧啶。再还原为二氢尿嘧啶，经水解开环，最终生成 NH_3、O_2 和 β-丙氨酸。胸腺嘧啶相应水解生成 NH_3、O_2 和 β-氨基异丁酸（图 9-15）。

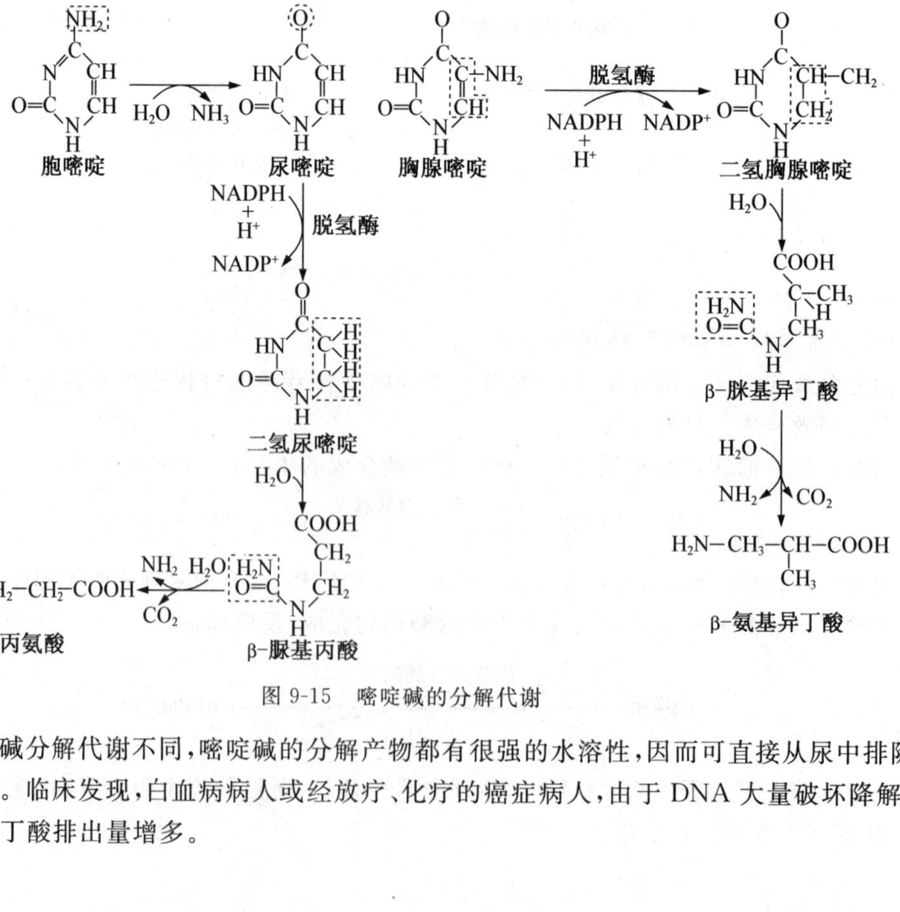

图 9-15　嘧啶碱的分解代谢

和嘌呤碱分解代谢不同，嘧啶碱的分解产物都有很强的水溶性，因而可直接从尿中排除或进一步分解。临床发现，白血病病人或经放疗、化疗的癌症病人，由于 DNA 大量破坏降解，尿中 β-氨基异丁酸排出量增多。

第十章

DNA 生物合成

生物的一个最基本的特点之一就是具有将自身的性状和特性在代与代之间延续,这就是遗传。生物体中携带遗传信息的生物大分子包括 DNA、RNA 和蛋白质,它们分子的一级结构即核苷酸或氨基酸的排列顺序就是遗传信息的存在形式。

通过 1928 年 Griffith 的肺炎双球菌转化实验,以及 30—40 年代的 T₂噬菌体转染实验证明了对于这些生物来说,它们的遗传物质是 DNA 而不是蛋白质。1953 年,Watson 和 Crick 提出了 DNA 的双螺旋模型,从理论上确立了 DNA 具有复制和从亲代向子代传递遗传信息的能力,而 1958 年 Messelson 和 Stahl 利用同位素标记实验从实验上证实了 DNA 是以半保留的方式合成 DNA,并将细菌亲代的遗传信息传递给子代细菌。

在生物化学中,基因(gene)指 DNA 分子中一个功能性片段,其包含的遗传信息可指导合成一种 RNA 或蛋白质肽链。生物体细胞中全部染色体 DNA 总和称为基因组(genome),它包括生物体全部遗传信息。人体细胞基因组中含 3~4 万个编码蛋白质的基因。

生物体遗传信息传递的基本规律称为中心法则(the central dogma),特指遗传信息的流动方向:DNA 通过复制将遗传信息由亲代传递给子代,通过转录和翻译,将遗传信息传递给蛋白质分子,从而决定生物的表现型。DNA 的复制、转录和翻译过程就构成了遗传学的中心法则(图 10-1)。

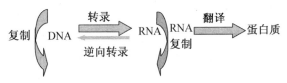

图 10-1　中心法则

其中 DNA 是生物各种遗传信息的储存库,在生命活动中处于中心地位。对于 RNA 病毒,它们不含 DNA 只有 RNA,1970 年 Temin 和 Baltimore 分别从 RNA 病毒中分离得到了一种酶(逆转录酶),能以病毒的单链 RNA 为模板合成 DNA,并通过整合的方式将病毒的遗传信息保留在宿主细胞内,保证 RNA 病毒的遗传信息的表达,这一过程称为逆转录。这一发现补充了经典的中心法则。

核酸是遗传的物质基础,除少数 RNA 病毒外,DNA 是绝大多数生物遗传信息储存者。DNA 的生理功能在于,一方面将遗传信息储存于其核苷酸的排列序列中,这些遗传信息最终通过表达产生不同的蛋白质来实现其功能;另一方面 DNA 还能通过自我复制合成一套完整的 DNA 分子转移到子代细胞。这样把储存的遗传信息稳定地、忠实地从亲代 DNA 传递到子代 DNA 的过程称为 DNA 的复制。

　　DNA 生物合成有三种方式,DNA 复制是 DNA 合成的主要方式。而当 DNA 受损伤结构改变时,细胞的损伤修复酶可通过局部 DNA 合成修复损伤的 DNA,是 DNA 的修复合成。某些以 RNA 携带遗传信息的病毒可以 RNA 为模板逆转录合成 DNA 链,这是 DNA 合成的第三种方式。

第一节　DNA 复制的特点

一、半保留复制

　　DNA 复制的特征是半保留复制(semiconservative replication)。复制时,亲代 DNA 双链解开,每股单链作为模板(template)指导合成其互补链,新合成的两个子代 DNA 分子与亲代 DNA 分子碱基序列完全一样。且其中一股单链来自亲代 DNA,另一股单链是新合成的,这种复制方式称为半保留复制(图 10-2)。

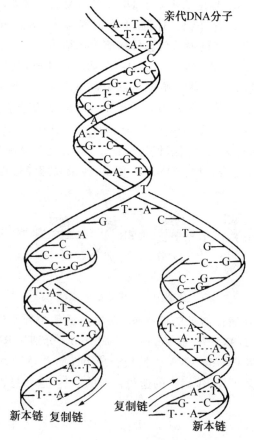

图 10-2　DNA 半保留复制模式

原则上 DNA 的半保留复制产生的子代两个 DNA 的一级结构都与其亲代 DNA 完全一致,这就保证了生物遗传以稳定性占绝对主导优势的特征。

1958 年 Meselson 和 Stahl 利用同位素^{15}N 标记的大肠杆菌 DNA,直接证明了 DNA 半保留复制的推测。大肠杆菌能利用 NH_4Cl 做氮源合成 DNA。将细菌在以 $^{15}NH_4Cl$ 为唯一氮源的培养基中生长,经过连续培养 12 代,从而使所有 DNA 分子标记上^{15}N。^{15}N-DNA 的密度比普通^{14}N-DNA 的密度大,在氧化铯密度梯度离心时,这两种 DNA 形成位置不同的区带。如果将^{15}N 标记的大肠杆菌转移到普通的培养基即含^{14}N 的氮源的培养基中培养,经过一代之后,提取获得的 DNA 的密度均介于^{15}N-DNA 与^{14}N-DNA 之间,即形成了 DNA 分子的一半含^{15}N,另一半含^{14}N 的杂合分子。生长两代后,^{14}N 分子和^{14}N～^{15}N 杂合分子等量出现。若再继续培养,可以看到^{14}N-DNA 分子逐渐增多,即第 3 代、第 4 代、第 5 代……^{15}N-DNA 分别按 1/4、1/8、1/16……的几何级逐渐被“稀释”(图 10-3)。当把^{14}N～^{15}N DNA 杂合分子加热时,它们分开成^{14}N 单链和^{15}N 单链。由此,充分证明了,在 DNA 复制时原来的 DNA 分子不仅都被一分为二,分别构成子代分子的一半,而且这些单链尽管经过许多代的复制,仍然保持着碱基序列的完整性。

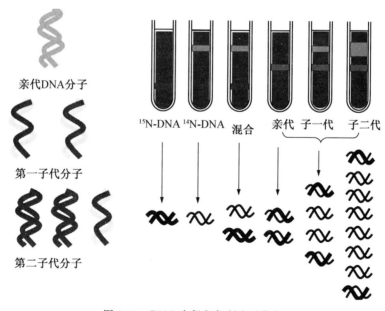

图 10-3　DNA 半保留复制实验依据

二、DNA 复制方向和方式

(一)复制子和复制起始点

复制是从 DNA 分子上的特定部位开始的,这一部位叫做复制起始点(origin of replication)常用 ori 或 o 表示。原核生物每个 DNA 分子只有一个复制起始点,真核生物 DNA 分子有多个复制起始点。每个复制起点到终点间的 DNA 复制区域称复制子(replicon),每个复制子在一个细胞分裂周期中必须启动而且只能启动一次,真核生物染色体为多复制子。复制时,双链 DNA 由起始点处打开,沿两条张开的单链模板合成 DNA 新链,两侧形成的 Y 型结构称为复制叉(replication fork)。

（二）复制方向

DNA 复制时，在复制起始点打开双链，以两股单链为模板，合成子代新链。根据对病毒、原核生物甚至真核生物 DNA 复制机制的研究，在生物界存在如下两种复制方向：① 从起始点向一个方向进行，通常称为单向复制；② 从起始点向两个方向进行，称为双向复制，如图 10-4。

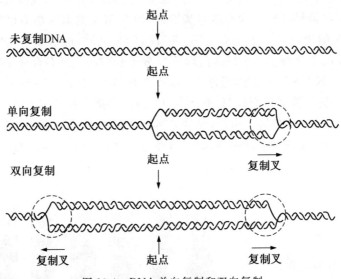

图 10-4　DNA 单向复制和双向复制

通常情况下，复制是对称的，即两条单链同时进行复制；但也存在不对称复制，即一条链复制后再进行另一条链的复制。对称复制从复制子起始点开始，朝相对两个方向进行，复制叉也朝相对方向逐渐位移，直至整个复制子完成复制。真核生物染色体 DNA 是多复制子，有多个复制起始点。每个复制子从起始点独立双向复制，复制叉相对方向位移，直至相邻复制子的复制叉相遇，如图 10-5。

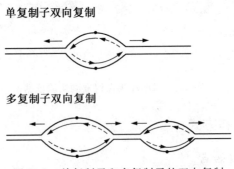

图 10-5　单复制子和多复制子的双向复制

（三）复制的几种方式

环状 DNA，如大肠杆菌、多瘤病毒 DNA，因为只有一个复制起始点，其复制眼形成希腊字母 θ 型结构（图 10-6a），随着复制的进行，复制眼逐渐扩大，直至整个环状分子。

线形 DNA 在复制时，复制子起始点开始解链，两条单链各自为模板合成互补链，复制叉单向或双向位移,此时在电镜下可以看到如"眼"的结构,通常称为复制眼(图 10-6b)。

线粒体 DNA 的复制就采用这种模式。环状 DNA 两条单链的复制起始点不在同一位点。复制开始时,先在负链的起始位点解链,然后以负链为模板,合成一条与其互补的新链,取代另一条仍保持单链状态的亲代正链,此时在电镜下可以看到呈 D 环形状。当负链复制达到一定程度,随着正链置换区域扩大,暴露出正链的复制起始点,于是以正链为模板开始合成与其互补的新链,最后生成两个子代 DNA 双链分子。由于两条亲代链的复制起始点不同,合成起始并不同步进行,所以 D 环型复制是一种不对称复制形式(图 10-6c)

滚动环型复制(rolling circle replication)是指一些简单低等生物或染色体外 DNA,环状双链 DNA 的正链由一核酸内切酶在特定的位置切开,游离出一个 3′-OH 和一个 5′-磷酸基末端。5′-磷酸末端在酶的作用下,固着到细胞膜上。随后,在 DNA 聚合酶催化下,以环状负链为模板,从正链的 3′-OH 末端加入与负链互补的脱氧核苷酸,使链不断延长,通过滚动而合成新的正链。与此同时,以伸展的正链为模板,合成互补的新的负链。最后合成两个环状子代双链分子(图 10-6d)。

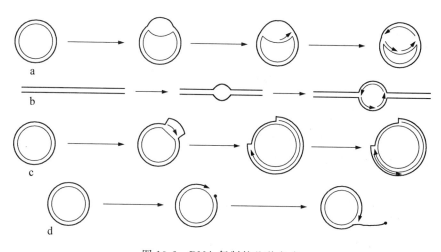

图 10-6　DNA 复制的几种方式

a. θ 型结构;b. 复制眼;c. D-环型模式;d. 滚动的环型模式

三、半不连续复制

由于 DNA 聚合酶只能以 5′→3′ 方向聚合子代 DNA 链,即模板 DNA 链的方向必须为 3′→5′。因此,分别以两条亲代 DNA 链作为模板聚合子代 DNA 链时的方式是不同的。以 3′→5′ 方向的亲代 DNA 链作模板的子代链在复制时基本上是连续进行的,其子代链的聚合方向为 5′→3′,这一条链被称为前导链(leading strand)。而以 5′→3′ 方向的亲代 DNA 链为模板的子代链在复制时则是不连续的,其链的聚合方向也是 5′→3′,这条链被称为随从链(lagging strand)(图 10-7)。由于亲代 DNA 双链在复制时是逐步解开的,因此,随从链的合成也是一段一段的。DNA 在复制时,由随从链所形成的一些子代 DNA 短链称为冈崎片段(Okazaki fragment)。冈崎片段的大小,在原核生物中约为 1000~2000 个核苷酸,而在真核生物中约为 100 个核苷酸。

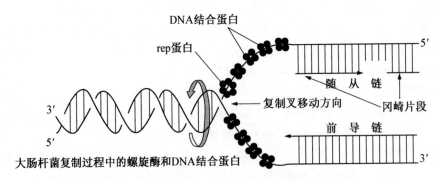

图 10-7　DNA 的半不连续复制

第二节　DNA 复制的反应体系

一、参与 DNA 复制的物质

复制是在酶催化下的核苷酸聚合过程,需要多种物质参与:

底物:dNTP:dATP、dGTP、dCTP、dTTP;

模板:解开成单链的 DNA 母链;

引物:RNA,提供 3′-OH 末端,使 dNTP 可以依次聚合;

聚合酶:依赖 DNA 的 DNA 聚合酶;

其他酶和蛋白因子。

二、底　物

DNA 复制在模板存在的前提下,以四种脱氧核苷三磷酸(deoxynucleotide triphosphate)为底物,即 dATP、dGTP、dCTP、dTTP,在众多反应因子和酶的催化下,形成聚合反应。

$$(dNMP)n（即 DNA 单链模板）+dNTP \longrightarrow (dNMP)n+1+PPi$$

三、模板(template)

DNA 复制是模板依赖性的,必须要以亲代 DNA 链作为模板。亲代 DNA 的两股链解开后,可分别作为模板进行复制。

四、DNA 聚合酶 (DDDP)

DNA 聚合酶(DNA polymerase, DNA pol)是以 DNA 为模板,dNTP 为底物,催化合成与模板 DNA 互补的 DNA 的一类酶,也称依赖 DNA 的 DNA 聚合酶(DNA-dependent DNA polymerase)。

DNA 聚合酶的反应具有以下特点:① 以四种脱氧核苷三磷酸作底物;② 反应需要接受模板 DNA 的指导;③ 反应需要有引物 3′-OH 的存在;④ 新生 DNA 链的生长方向为 5′→3′;⑤ 产物 DNA 的性质与模板 DNA 相同。

（一）原核生物 DNA 聚合酶

原核生物 DNA 聚合酶主要有三种,分别命名为 DNA 聚合酶 I(pol I),DNA 聚合酶 II(pol II),DNA 聚合酶III(pol III),这三种酶都属于具有多种酶活性的多功能酶(表 10-1)。参与 DNA 复制的主要是 pol III 和 pol I。DNA pol III 的聚合反应活性比 DNA pol I 大 10 倍以上,每分钟能催化 10^5 个核苷酸的聚合。因此,在原核生物细胞内,DNA pol III 是在复制延长中真正催化新链核苷酸聚合的酶。

表 10-1　原核生物中的三种 DNA 聚合酶的功能

	pol I	pol II	pol III
$5' \rightarrow 3'$聚合酶活性	+	+	+
$5' \rightarrow 3'$外切酶活性	+	−	−
$3' \rightarrow 5'$外切酶活性	+	+	+
生理功能	去除引物,填补空缺 修复损伤 校正错误	未知	DNA 复制 校对错误

1. DNA 聚合酶 I

pol I 为单一肽链的大分子蛋白质,可被特异的蛋白酶水解为两个片段,其中的大片段称为 Klenow 片段,具有 $5' \rightarrow 3'$聚合酶活性和 $3' \rightarrow 5'$外切酶的活性;小片段具有 $5' \rightarrow 3'$核酸外切酶活性;整个 DNA pol I 是一个多功能酶具有 $5' \rightarrow 3'$ 及 $3' \rightarrow 5'$核酸外切酶和聚合酶三种酶活性区域(图 10-8~图 10-10)。

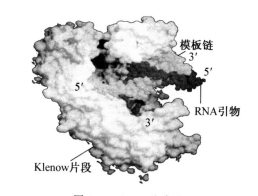

图 10-8　DNA 聚合酶 I

图 10-9　DNA 聚合酶 I 的三种酶活性

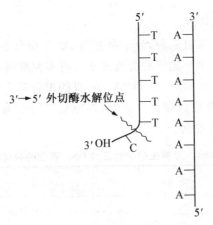

图 10-10　DNA 聚合酶 I 的 $3' \to 5'$ 外切酶活性

2. DNA 聚合酶 II

由一条相对分子质量 120000 的多肽链构成。该酶在性质上与 DNA pol I 相似,可催化 $5' \to 3'$ 方向的聚合反应,但反应需要带有缺口的双链 DNA 作为模板,需要有游离 3'-OH 的引物,缺口不能过大,否则活性将会降低。DNA pol II 具有 $3' \to 5'$ 核酸外切酶活性,而无 $5' \to 3'$ 外切酶活性。此酶在体内的功能还不清楚,可能在 DNA 的修复中起某种作用。

3. DNA 聚合酶 III

pol III 由 10 种亚基组成,其中 α 亚基具有 $5' \to 3'$ 聚合 DNA 的酶活性,因而具有复制 DNA 的功能;而 ε 亚基具有 $3' \to 5'$ 外切酶的活性,因而与 DNA 复制的校正功能有关。(图 10-11)

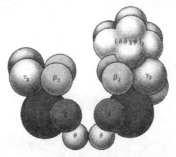

图 10-11　DNA 聚合酶 III 全酶的推测结构(V 型)

DNA pol III 是由 α、β、γ、δ′、ε、θ、τ、χ 及 φ 等 10 种亚基组成的不对称二聚体。全酶的相对分子质量是 400000。其中,α、ε、θ 组成核心酶,兼有核苷酸的聚合和 $3' \to 5'$ 核酸外切酶活性。β 亚基起固着模板 DNA 链并使酶沿模板链滑动的作用。(图 10-12)

A　50A　　　　　　　　　　　　B

图 10-12　DNA 聚合酶 III β 亚基与模板的结合

（二）真核生物 DNA 聚合酶

在真核生物中，主要的 DNA 聚合酶有 5 种，分别命名为 DNA 聚合酶 α（pol α）、DNA 聚合酶 β（pol β）、DNA 聚合酶 γ（pol γ）、DNA 聚合酶 δ（pol δ）和 DNA 聚合酶 ε（pol ε）。其中，参与染色体 DNA 复制的是 pol α（延长随从链）和 pol δ（延长前导链）；参与线粒体 DNA 复制的是 pol γ；polε 与 DNA 损伤修复、校读和填补缺口有关；pol β 只在其他聚合酶无活性时才发挥作用。各种酶功能见表 10-2，表 10-3。

表 10-2　真核细胞 DNA 聚合酶的分类及功能

酶的名称	功　　能
Pol α	引物合成及尾随链部分合成
Polβ	碱基切除修复
Polγ	线粒体 DNA 复制
Polδ	主要复制酶
Polε	不清楚，复制或修复
Polξ	损伤旁路修复
Polη	损伤旁路修复
Polι	损伤旁路修复

表 10-3　真核细胞几种主要 DNA 聚合酶的性质

	DNA 聚合酶				
	Polα	Polβ	Polγ	Polδ	Polε
蛋白质分子量（kD）	＞250	36～38	160～300	170	256
细胞定位	核	核	线粒体	核	核
相关联酶的活性（3′→5′外切酶）	无	无	有	有	有
引物酶	有	无	无	无	无

五、复制中解链和 DNA 分子拓扑学变化

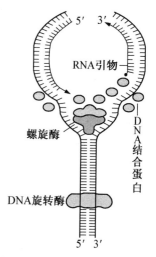

图 10-13　DNA 复制中解旋作用

复制时，DNA 是以单链作为模板的，因而，DNA 的超螺旋和双螺旋必须解开，这一过程是由多种酶共同作用完成，包括 DNA 解螺旋酶（hlicase）、DNA 拓扑异构酶（DNA topoisomerase）和单链 DNA 结合蛋白（single strandDNA binding protein，SSB）三大类。它们共同作用解开、理顺 DNA 链，维持 DNA 在一段时间处于单链状态。（图 10-13）

（一）解螺旋酶

解螺旋酶（unwinding enzyme），又称解链酶或 rep 蛋白，是用于解开 DNA 双链的酶蛋白，每解开一对碱基，需消耗 2 分子 ATP。能水解 ATP 使双螺旋 DNA 以 500～1000bp/s

的速率沿 DNA 链解旋和解链。

[知识扩展]

E. coli 中复制相关的基因产物定名为 DnaA、DnaB、DnaC 等。其中 DnaB 为 6 聚体蛋白质,是 E. coli 中最重要的解螺旋酶,可结合于随后链,并利用水解 ATP 的能量沿随后链模板迅速移动,将双螺旋 DNA 两条链分开。DnaC 和 DnaB 蛋白形成复合物,辅助解旋酶结合于起始点的一定位置并开始解链。

(二) 拓扑异构酶(topoisomerase)

DNA 双螺旋链在复制过程中旋转速度很快,易造成 DNA 分子打结、缠绕、连环现象。复制末期,母链 DNA 与新合成链也会相互缠绕,形成打结或连环。如 DNA 盘绕过度,称为正超螺旋(>10bp/周),分子呈紧张状态,张力增大;盘绕不足,称为负超螺旋(<10bp/周),DNA 呈松弛状态。所以在 DNA 双螺旋解旋时,拓扑异构酶对 DNA 的作用是既能水解,又能连接磷酸二酯键。使复制中的 DNA 能解结,达到适度盘绕,防止或解开打结。

拓扑异构酶分为Ⅰ型和Ⅱ型两种。

1. 拓扑异构酶Ⅰ

拓扑异构酶Ⅰ可使 DNA 双链中的一条链切断,松开双螺旋后再将 DNA 链连接起来,从而避免出现链的缠绕(图 10-14)。

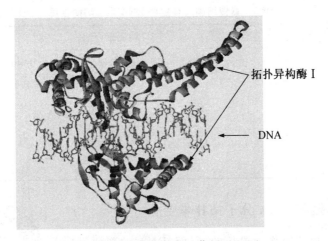

图 10-14　拓扑异构酶Ⅰ作用于 DNA

2. 拓扑异构酶Ⅱ

可切断 DNA 双链,使 DNA 的超螺旋松解后,再将其连接起来,而不至于造成 DNA 分子开环,DNA 链通过断端切口使超螺旋松弛,进入负超螺旋状态,然后利用 ATP 供能重新连接已切断的 DNA 末端,向 DNA 分子中引入负超螺旋。拓扑酶在复制全过程中都有作用。(图 10-15,图 10-16)

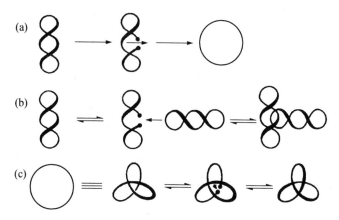

图 10-15　拓扑异构酶 Ⅱ 的催化作用类型

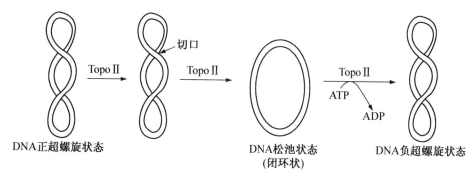

图 10-16　拓扑异构酶 Ⅱ 的催化作用

（三）单链 DNA 结合蛋白

单链 DNA 结合蛋白（single strand binding protein，SSB）又称螺旋反稳蛋白（HDP）。这是一些能够与单链 DNA 结合的蛋白质因子。其作用为：① 使解开双螺旋后的 DNA 单链能够稳定存在，即稳定单链 DNA；② 保护单链 DNA，避免核酸酶的降解。（图 10-17）

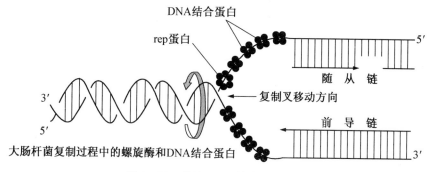

大肠杆菌复制过程中的螺旋酶和DNA结合蛋白

图 10-17　单链 DNA 结合蛋白作用

六、引发体和 RNA 引物

引发体（primosome）由引发前体与引物酶（primase）组装而成。

引发前体是由若干蛋白因子聚合而成的复合体。在原核生物中，引发前体至少由 6 种蛋白因子构成。即 PriA、PriB、PriC、DnaB、DnaC 及 DnaT,其中 DnaB 蛋白与 DnaC 蛋白组成 DnaB-DnaC 复合物与引物预合成有关。

引物酶本质上是一种依赖 DNA 的 RNA 聚合酶(DDRP),该酶以 DNA 为模板,聚合一段 RNA 短链引物(primer),以提供自由的 $3'$-OH,使子代 DNA 链能够开始聚合。

引发前体在引物酶的作用下,两者联合装配成引发体(primosome)。

七、DNA 连接酶

DNA 连接酶(DNA ligase)可催化两段 DNA 片段之间磷酸二酯键的形成,而使两段 DNA 连接起来。

DNA 连接酶催化的条件是:① 需一段 DNA 片段具有 $3'$-OH,而另一段 DNA 片段具有 $5'$-Pi 基;② 未封闭的缺口位于双链 DNA 中,即其中有一条链是完整的;③ 需要消耗能量,在原核生物中由 NAD$^+$ 供能,在真核生物中由 ATP 供能。(图 10-18)

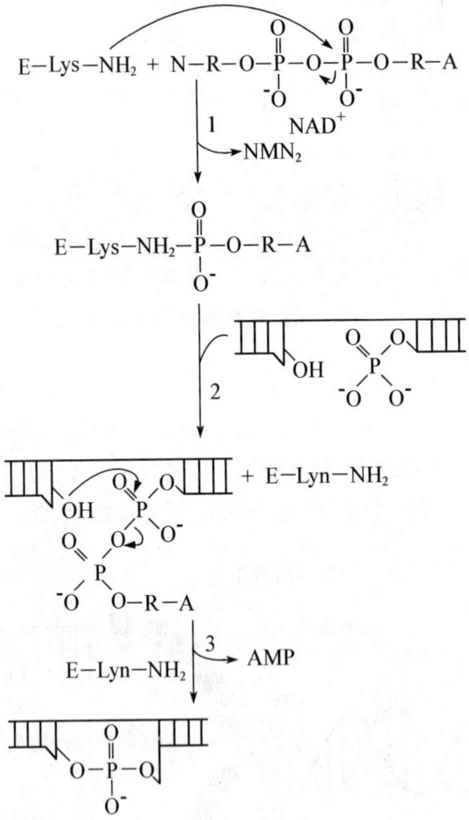

图 10-18 DNA 连接酶的作用过程

第三节   DNA 生物合成过程

DNA 复制,即 DNA 生物合成,是以碱基互补为基础的一个严格的脱氧核苷酸分子逻辑组合的过程,对真核细胞来说,它发生在细胞周期的 S 期。揭示 DNA 复制的奥秘,起初是从原核细胞开始的,从中积累了丰富的实验依据,发现 DNA 复制的规律。随后的研究进一步证明,真核生物 DNA 复制的过程与原核生物基本相似。因此,本节主要叙述的是原核生物 DNA 复制过程。

DNA 复制基本上可分为解链、引发、延长及终止四个阶段。

一、DNA 复制的一般特点

1．DNA 的双螺旋的两条链在局部需要解开,以利于每条链作模板。

2．DNA 的局部解旋引起周围区域过度缠绕,拓扑异构酶使超螺张力释放。

3．DNA 聚合酶以 5′到 3′方向合成。DNA 的两条链方向相反,因此,一条链的合成是连续的,而另一条链的合成则是不连续的。不连续链每个片段的合成都是独立进行的,然后各片段再连接起来。

4．DNA 复制必须高度精确,DNA 复制错误率大约是 1000～10000 次复制才出现一次。是校正机制保证新合成的 DNA 的正确性。

5．DNA 的合成必须非常迅速,其合成速度与基因组的大小及细胞分裂速度有关。

6．复制器本身不能复制线性 DNA 的末端,一种特殊的端粒酶参与端粒的复制。

二、复制的起始

DNA 复制的起始阶段,由下列两步构成。

（一）预引发

1．解旋解链,形成复制叉

在复制起始点由拓扑异构酶和解链酶作用,使 DNA 的超螺旋及双螺旋局部结构解开,碱基间氢键断裂,形成两条单链 DNA。单链 DNA 结合蛋白(SSB)结合在两条单链 DNA 上,形成复制叉(图 10-19)。

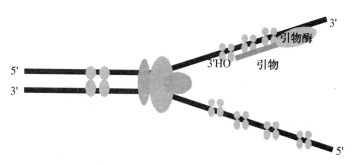

图 10-19 复制叉的作用结构

（二）引发体组装

由蛋白因子(如 dnaB 等)识别复制起始点,并与其他蛋白因子以及引物酶一起组装形成引发体(图 10-20)。

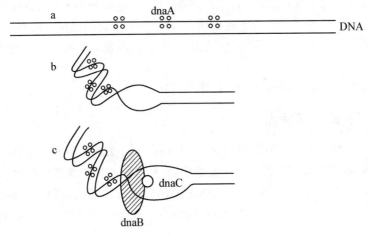

图 10-20   引发体形成

a. dnaA 结合于复制起始点(oric);b. dnaA 与 DNA 形成复合物引起 DNA 的解链;
c. dnaA 在 dnaC 的辅助下推动 DNA 双链解开

三、复制的延长

(一)聚合子代 DNA

1. 需要引物

参与 DNA 复制的 DNA 聚合酶,必须以一段具有 3′端自由羟基(3′-OH)的 RNA 作为引物(primer),才能开始聚合子代 DNA 链。在原核生物中 RNA 引物通常为 50～100 个核苷酸,而在真核生物中约为 10 个核苷酸。RNA 引物的碱基顺序,与其模板 DNA 的碱基顺序相配对。

2. 引发体移动

引发体向前移动,解开新的局部双螺旋,形成新的复制叉,随从链重新合成 RNA 引物,继续进行链的延长。

3. 延长

DNA 链的合成开始于 RNA 引物的 3′-OH 端,由 DNA 聚合酶催化,以 3′→5′方向的亲代 DNA 链为模板,按碱基互补规律,利用 4 种脱氧核苷三磷酸,以 5′→3′方向逐个加入脱氧核苷酸,聚合形成与模板链相互补的 DNA 新链。在合成过程中,前导链连续合成,随后链形成冈崎片段。原核生物两个聚合酶Ⅲ结合在一起,尾随链形成环,才能穿过复合物。两条链在一个位置上合成。(图 10-21,图 10-22)

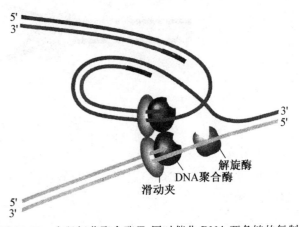

图 10-21   大肠杆菌聚合酶Ⅲ 同时催化 DNA 两条链的复制

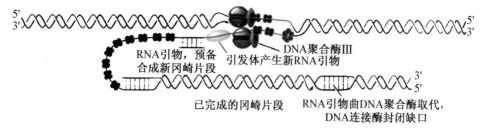

图 10-22　DNA 链的延伸过程

（二）DNA 复制的保真性

为了保证遗传的稳定,DNA 的复制必须具有高保真性。DNA 复制时的保真性主要与下列因素有关:

1. 遵守严格的碱基配对规律;

2. DNA 聚合酶在复制时对碱基的正确选择;DNA-pol Ⅲ 可选择参入的核苷酸,检查配对碱基间氢键的正确搭配形成,保证加入碱基与模板碱基严格互补,以控制合成前的错误。

3. 对复制过程中出现的错误及时进行校正。当检出错配碱基时,DNA-poi Ⅰ 的 $3' \rightarrow 5'$ 外切活性可切除新合成的错配、移码、插入的错误核苷酸,并聚合补回正确配对的碱基,这种方式叫即时校读(proofread)。

四、复制的终止

从 E. coli DNA 复制显示,其复制的终止发生在距离复制起始点 ori C 约 270kb 区的中心,称为终止区(termination region, ter)。在此区中包含有 5 个 ter 序列,其核心序列为 GTGTGGTGT,它们可以和 Tus 蛋白结合,阻止解链酶的作用,导致复制的终止。有一些原核生物复制的起始点和终止点刚好把环形 DNA 分为两个半圆,双相复制朝两个方向各进行 180°,同时在终止点汇合。

（一）去除引物,填补缺口

在原核生物中,由 DNA 聚合酶 Ⅰ 来水解去除 RNA 引物,并由该酶催化延长引物缺口处的 DNA,直到剩下最后一个磷酸酯键的缺口。而在真核生物中,RNA 引物的去除,由一种特殊的核酸酶来水解,而冈崎片段仍出 DNA 聚合酶来延长。(图 10-23)

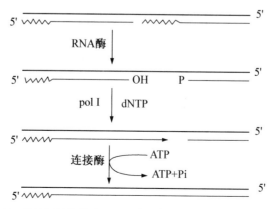

图 10-23　RNA 引物通过 Pol Ⅰ $5' \rightarrow 3'$ 外切酶活性除去并填补空缺

（二）连接冈崎片段

在 DNA 连接酶的催化下，形成最后一个磷酸酯键，将冈崎片段连接起来，形成完整的 DNA 长链。

复制中的不连续片段在合成终止时完成了下列过程：

（1）需先由 RNA 酶水解引物；

（2）引物留下的空隙（gap）由 DNA 聚合酶Ⅰ催化 dNTP 逐一自 $5'$ 向 $3'$ 端聚合而填补；

（3）两不连续片段相邻的 $5'$-P 和 $3'$-OH 还有一个缺口（nick），则由 DNA 连接酶加以连接。

第四节 真核生物 DNA 复制和端粒酶

一、真核生物 DNA 复制特点

DNA 复制的研究最初是在原核生物中进行的，随后开始对真核生物进行研究。研究证明，真核生物的 DNA 复制与原核生物的 DNA 复制存在着相似性。但真核生物染色体 DNA 要比原核生物 DNA 大得多，以染色质的形式存在于细胞核中。在细胞分裂期，核内染色质经历了形态和结构的重大变化，形成高密度染色体。因此，真核和原核生物 DNA 的复制有许多区别。尽管目前对真核生物 DNA 复制的研究尚有许多问题有待阐明，但从现在的实验资料已经可以看出，真核生物的 DNA 复制与原核生物存在如下不同。

（1）真核生物中 DNA 进行的速度约为 50 核苷酸/s，仅为原核生物的 1/10。但真核生物染色体上 DNA 复制起始点有多个，因此可以从几个起始点同时进行复制。如人染色体上平均有 100 个起始点，其上有 200 个复制叉进行复制。真核生物复制起始点在发育过程中可以发生变化，如果蝇在胚胎发生早期，其最大染色体上有 6000 个复制叉。因此，真核生物复制起始点还受细胞周期时相的控制。

（2）真核生物 DNA 复制只发生在细胞周期的特定时期，即合成期（S 期）。而且真核生物染色体在全部复制完成之前，各个复制点不能开始新的复制，也就是说，每个细胞周期内复制起始点只能发动一次，即核内 DNA 合成只能进行一次。而原核生物 DNA 复制起始点却不受这种调控，在一个细胞周期内可以连续开始新的复制事件。

（3）真核生物参与 DNA 复制的 DNA 聚合酶及蛋白质因子与原核生物有区别。前者的 DNA 聚合酶中，DNA polα 及 DNA polδ 在细胞核内 DNA 复制中起主要作用，DNA polδ 催化前导链及随从链的合成，增殖细胞核抗原（PCNA）参与其作用，DNA polα 与引物酶共同引发链的合成。DNA polδ 有 $3' \rightarrow 5'$ 外切酶活性，故有校正功能。DNA polγ 是线粒体中的复制酶。

（4）真核生物 DNA 复制过程中的引物及冈崎片段的长度均小于原核生物。动物细胞中的引物约为 10 个核苷酸，而原核生物中则可高达数十个。真核生物中冈崎片段约有 100～200 个核苷酸，而原核生物中则可高达 1000～2000 个核苷酸。

二、端粒和端粒酶

（一）作用机制

染色体线形 DNA 复制时中间的不连续片段可以连接,但子链 5′端引物被降解后如何填补? 细胞染色体 DNA 面临复制一次缩短一次的可能? 事实上并非如此。

当真核生物染色体 DNA 采取线性复制方式,子链 5′-端的一段 RNA 引物被水解后,留下的空隙,通过端粒的爬行式复制而不缩短,这个过程在端粒酶(telomerase)的催化下完成。

端粒(telomere):真核生物染色体线性 DNA 分子末端的结构,通常膨大成粒状,富含 GxTy 的正向重复序列。端粒 DNA 受特殊蛋白质保护,不被核酸酶水解。

端粒酶(telomerase)是一种 RNA-蛋白质复合体,它以 RNA 为模板,通过逆转录过程对末端 DNA 链进行延长。端粒酶是保护端粒的特殊蛋白质,是核糖核蛋白,具有逆转录酶活性,由 RNA 和蛋白质构成,能识别和结合端粒序列。其中 RNA 大约有 150 个核苷酸,富含 CyAx,正好与端粒序列 GyTx 的单链呈杂交结合状态。(Y>1,X:1~4)

端粒 DNA 的合成中,TG 链(即亲代 DNA 模板链)以一短的 TxGy 为引物。① 端粒酶结合在 DNA 的 TG 引物及酶内部的 RNA 模板上;② 在酶的作用下,在引物上通过与 RNA 模板碱基的配对,加上更多的 T 及 G 碱基;③ 端粒酶向 TG 链 3′-端移位,继续加入 T 和 G。而新合成的端粒链可以非标准的 G-G 配对,形成发夹结构,引入端粒链的回折,然后进一步进行聚合作用,达到有缺口链的 5′端,以完整链为模板按照碱基互补原则填补空缺,在连接酶作用下形成完成的 DNA 链(如图 10-24～图 10-26 所示)。

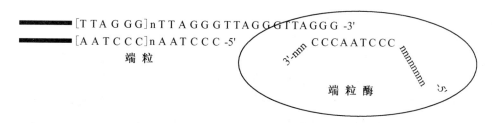

图 10-24　端粒与端粒酶

端粒 DNA:人的 DNA 的 3′末端存在的重复顺序(TTAGGG)

端粒酶:催化端粒 DNA 的复制,酶本身含有与端粒 DNA 序列互补的 RNA 片段

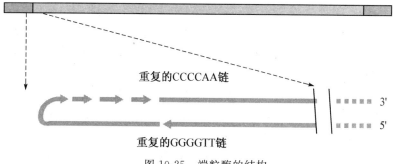

图 10-25　端粒酶的结构

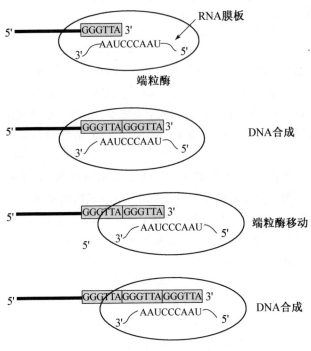

图 10-26　端粒酶的作用机制

（二）端粒与端粒酶的意义

近年来的研究表明，端粒和端粒酶与衰老、肿瘤的发生发展存在密切关系。

1. 端粒酶与衰老的关系

研究表明，端粒的平均长度随着细胞分裂次数的增加及年龄的增长而变短。端粒 DNA 序列逐渐变短甚至消失，就会导致染色体稳定性下降，这可能是引起衰老的一个重要因素。人细胞每次有丝分裂，如果没有端粒酶的活化，将会丢失 20～200bp 长度的端粒。当丢失数千个核苷酸时，细胞就停止分裂而衰老。活化的端粒酶将会导致端粒 DNA 序列延长，细胞旺盛地增殖，大大延长细胞寿命。如果把端粒酶基因导入正常细胞，细胞寿命大大延长，这种实验结果首次为端粒的生命钟学说提供了直接证据。

2. 端粒酶活化与肿瘤

在正常的人体细胞中，端粒程序性地缩短，限制了转化细胞的生长能力，这对肿瘤形成是一种抑制机制。端粒酶的重新表达在细胞永生化（不死性）及癌变过程中起着重要作用。因此有人认为，端粒酶活性正常表达的细胞更易癌变。在测定端粒酶活性时发现，90％以上的正常组织却是端粒酶呈阴性，从而将这个酶与细胞的永生化和肿瘤的形成联系在一起。

通过对染色体末端限制性片段分析，发现大部分肿瘤细胞的染色体末端都很短，表明肿瘤细胞经历了比一般细胞更多的有丝分裂次数。实验动物和临床研究发现，端粒酶阳性率随肿瘤的发展而提高，这些提示了端粒酶激活有可能出现在肿瘤发生的后期。

鉴于端粒和端粒酶与肿瘤发生发展的密切关系，为肿瘤治疗开辟了新的思路。端粒酶特异性表达于大多数肿瘤细胞中，为肿瘤无限增殖所必需，而在正常组织中无端粒酶表达，由此提示我们,端粒酶抑制剂可能成为一种广谱而低毒的抗肿瘤药物。一系列的相关研究正在进行并取得了一定的成效。

第五节 逆转录现象和逆转录酶

一、逆转录现象和逆转录酶

逆转录是以 RNA 为模板,依照 RNA 中核苷酸序列,以 dNTPs 为原料合成 DNA。因与通常转录中 DNA→RNA 相反,故称为逆转录(reverse transcription)。逆转录由逆转录酶(reverse transcriptase)催化。这一过程发现于 RNA 病毒对真核细胞的侵染中。

逆转录酶具有三种酶活性:

(1) RNA 指导的 DNA 聚合酶活性,即 $5'→3'$ DNA 聚合酶活性,以 RNA 为模板,形成 RNA-DNA 杂交分子。同时具有 $5'→3'$ RNA 外切酶活性。

(2) RNase H 活性,能特异地水解 RNA-DNA 杂交分子中的 RNA 部分。

(3) DNA 指导的 DNA 聚合酶活性(以第一链 cDNA 为模板合成第二链 cDNA)。

逆转录过程由逆转录酶催化以下反应(图 10-27):

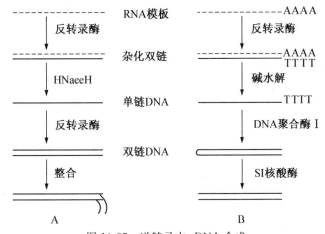

图 10-27 逆转录中 cDNA 合成

A. 逆转录病毒细胞内 cDNA 合成;B. 试管中 cDNA 合成

(1) 以病毒单链 RNA 为模板合成单链 cDNA,模板与产物形成 RNA：DNA 杂化双链(duplex)。

(2) 杂化双链中 RNA 被水解。

(3) 再以新合成的单链 cDNA 为模板,催化合成第二条 cDNA 链。

(4) 双链 DNA 在整合酶催化下整合到宿主细胞基因组中。

二、病毒的致病作用

被整合的逆转录病毒(retrovirus)DNA 分子称为原病毒(provirus),它能指导病毒 mRNA 的合成,并利用宿主细胞中蛋白质合成系统,翻译生成病毒外壳蛋白等,最后组装成病毒颗粒。

已经在各种逆转录病毒中发现了许多致癌基因,它们感染后诱导宿主发生肿瘤的主要原因是激活特定的基因表达,从而破坏宿主细胞固有的平衡,导致细胞转化。当今,癌基因研究是病毒学、肿瘤学和分子生物学的重要课题。

三、逆转录作用

逆转录的发现除对中心法则进行了必要的补充外,更具有重要的理论和实践意义,它已被广泛应用于分子生物学研究的各个领域和临床工作中。

第六节　DNA 损伤、修复和基因突变

一、DNA 的损伤(突变)

由自发的或环境的因素引起 DNA 一级结构的任何异常的改变称为 DNA 的损伤,也称为突变(mutation)。常见的 DNA 的损伤包括碱基脱落、碱基修饰、交联,链的断裂,重组等。

(一)突变的意义

1. 突变是进化、分化的分子基础。

2. 只有基因型改变的突变。

3. 致死性的突变。

4. 突变是某些疾病的发病基础。

(二)引起突变的因素

1. 自发因素:自发脱碱基;自发脱氨基;复制错配。

2. 物理因素:由紫外线、电离辐射、X 射线等引起的 DNA 损伤,见表 10-4、图 10-28。

3. 化学因素:不少化学物质如烷化剂、农药、各种工业排放物、食品防腐剂、添加剂以及汽车排放的废气等均可引起 DNA 损伤,见表 10-4,图 10-29。

表 10-4　物理和化学因素所引起的 DNA 损伤类型

DNA 损伤	起　因
碱基丢失	酸及热去除嘌呤(每日约几十个嘌呤/哺乳类动物细胞)
碱基变化	电离辐射,烷化剂
错误的碱基	自发脱氨基作用;C→U,A→次黄嘌呤
缺失/插入	嵌入剂(如吖啶染料)
环丁基二聚体	紫外线照射
链断裂	电离辐射,化学物质(如博莱霉素)
链交联	补骨脂衍生物(光活化),丝裂霉素

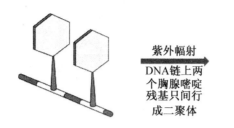

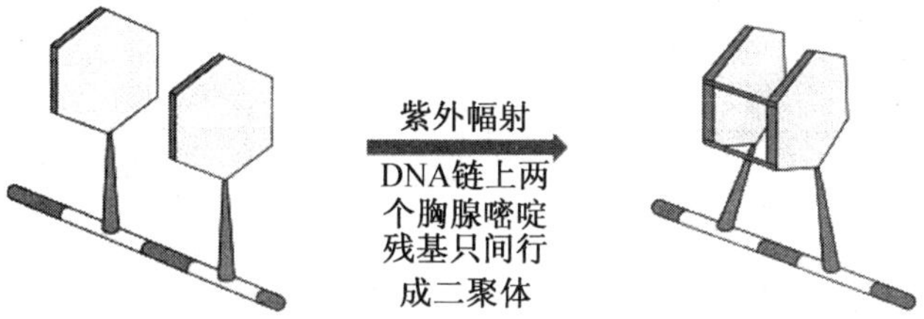

图 10-28　紫外辐射引起 DNA 形成嘧啶二聚体

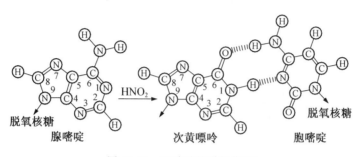

图 10-29　亚硝酸的脱氨作用

（三）突变的类型

主要有点突变（point mutation）、缺失（deletion）、插入（insertion）重排（rearrangement）。

1. 点突变（point mutation）

DNA 分子中单个碱基的改变，包括① 转换（transition），即一种嘧啶（或嘌呤）替换另一种嘧啶（或者嘌呤）。② 颠换（transversion），嘧啶被嘌呤更换或嘌呤被嘧啶所替换。如果点突变发生在编码区域，可导致氨基酸的改变。

镰刀形贫血病是典型的与疾病有关的点突变例子（图 10-30）：

$$HbS = \alpha_2\beta_2^{6glu \to val}$$

HbA β肽链　N-val · his · leu · thr · pro · glu · glu……C(146)
HbS β肽链　N-val · his · leu · thr · pro · val · glu……C(146)

HbA β基因　————————————　CTC ————
　　　　　　————————————　CAC ————

HbS β基因　————————————　CAC ————
　　　　　　————————————　CTC ————

图 10-30　点突变引起的 HbA 和 HbSβ 链的碱基序列比较

正常人 HbAβ 基因的第 6 号氨基酸密码子的编码碱基序列是 CTC，当突变成 CAC，仅一个碱基的改变，就导致相应的 mRNA 上的密码子由 GAG 变成 GUG，使对应的 β 链上的第 6 号极性谷氨酸残基变成疏水性缬氨酸残基，这种血红蛋白（HbS）彼此之间发生聚合，导致红细胞形成镰刀形易破裂，最终因严重溶血而导致贫血，即镰刀形红细胞贫血。

2. 插入（insertion）或缺失（deletion）突变

DNA 分子中缺失或插入一个或多个碱基（非 3 的倍数）。缺失或插入能导致框移或移码突变(frame-shift mutation),指三联体密码的阅读方式改变,从而使蛋白质氨基酸排列顺序改变,蛋白质的结构和功能改变(图10-31)。

图 10-31 缺失引起移码突变

(实线:原来的密码阅读方式 虚线:缺失C后的密码阅读方式)

3. 重排

DNA 分子内发生较大的交换。移位的 DNA 可以在新位点上颠倒方向反置(倒位),也可以在染色体之间发生交换重组(图10-32)。

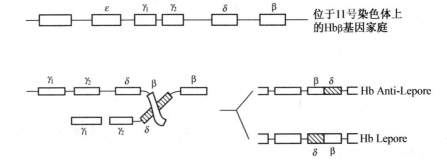

图 10-32 基因重排引起两种地中海贫血基因型

突变在生物界普遍存在,以一定的概率随机发生,具有可逆性。从遗传角度看,突变可有不同后果。如在长期的进化中,大量自然突变的累积是自然界生物进化和分化的分子基础,使生物更适应环境。另外,某些重要基因、关键位点的突变导致生物体死亡或生命力明显下降,属致死性突变,可利用这一特征消灭有害的病原生物。而在基因非关键位点的突变可表现为只有基因型改变的突变,生物体表型可不发生任何变化。另外有些突变影响体内正常生命活动,造成各种代谢异常,这类突变是某些疾病的发病基础,包括遗传病、肿瘤等。癌基因和抑癌基因突变是许多肿瘤发生的原因。

二、DNA 损伤的修复

DNA 损伤修复主要是指一种针对已发生了的缺陷而施行的补救机制。DNA 损伤的修复方式主要有如下几种。

(一) 光修复

光修复(light repair)亦成直接修复,是直接将突变的碱基转变成正常碱基的修复方式,它通过光修复酶(photolyase)的催化而完成。光修复酶可被可见光激活,酶首先识别 DNA 上的 T-T 二聚体,继而催化嘧啶二聚体分解,回复至原来的非聚合状态(图10-33)。

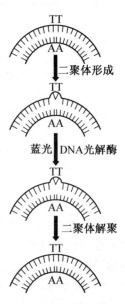

图 10-33 光修复作用

（二）切除修复

切除修复（excision repairing）是细胞内主要的修复方式。其作用机制是通过一种特殊的内切核酸酶将 DNA 分子中的损伤部分切除，同时以另一条完整的 DNA 链为模板，由 DNA 聚合酶Ⅰ催化填补切除部分的空隙，再由 DNA 连接酶封口，使 DNA 恢复正常结构。基本过程见图 10-34、35。

图 10-34　切除修复示意图

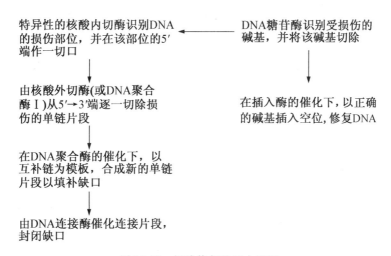

图 10-35　切除修复的基本过程

（三）重组修复

当 DNA 分子的损伤面积较大，还来不及修复完善就进行复制时，所采用的一种有差错的修复方式。

1. 通过链间的交换，填补子链缺口。

2. 母链的缺口，通过 DNA-polⅠ、DNA 连接酶进行修复。

这种修复的不足之处在于原损伤部位仍然存在，但随着多次复制，损伤链所占比例越来越少。

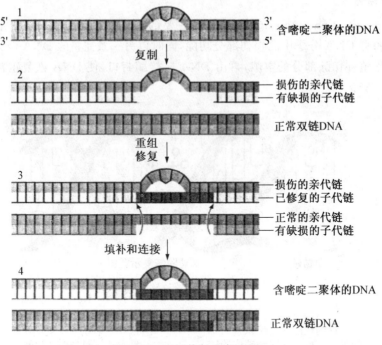

图 10-36　重组修复基本过程

（四）SOS 修复

这是一种在 DNA 分子受到较大范围损伤并且使复制受到抑制时出现的修复机制，以 SOS 借喻细胞处于危急状态。DNA 分子受到长片段高密度损伤，使 DNA 复制过程在损伤部位受到抑制，可能引起细胞走入凋亡。因而这种损伤诱导一种特异性较低的新的 DNA 聚合酶，以及重组酶等的产生。由这些特异性较低的酶继续催化损伤部位 DNA 的复制，复制完成后，保留许多错误的碱基，从而造成突变。

虽然通过 SOS 修复，复制能够继续，细胞还可存活，但是，DNA 保留的错误会较多，易引起较广泛、长期的突变。例如，紫外线诱发的细菌突变，细胞癌变，着色性干皮病易患皮肤癌等等，均与 SOS 修复密切关系。

第十一章

RNA 的生物合成(转录)

在 DNA 指导的 RNA 聚合酶催化下,生物体以 DNA 的一条链为模板,按照碱基配对原则,合成一条与 DNA 链的一定区段互补的 RNA 链,这个过程称为转录。

经转录生成的 RNA 有多种,主要的是 rRNA,tRNA,mRNA,snRNA 和 HnRNA。

第一节　转录的反应体系

一、转录的模板

(一)转录的特点

1. 基因的转录是局部转录;

2. RNA 的合成(基因转录)是不对称转录;

3. 基因的转录有选择性。

(二)不对称转录

DNA 为双股链分子,在某一具体基因转录进行时,DNA 双链中只有一股链起模板作用,指导 RNA 合成的一股 DNA 链称为模板链(template strand),与之相对的另一股链为编码链(coding strand)。新合成的 RNA 链与编码链都能与模板链互补,两者都对应该基因表达的蛋白质中氨基酸序列编码,其区别仅在于 RNA 链上的碱基为 U 代替了 T。

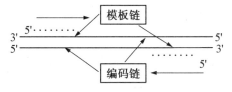

图 11-1　不对称转录

转录的不对称性两重含义:一是指双链 DNA 只有一股单链用作模板,二是指同一单链上可以交错出现模板链和编码链。

在庞大的 DNA 分子中,并非任何区段都可以转录。往往把能转录出 RNA 的 DNA 区段,称为结构基因(structural gene)。在一个双链 DNA 分子中包含着许多个结构基因。

二、RNA 聚合酶

催化转录作用的酶是 RNA 聚合酶(RNApolymerase),又称 DNA 指导的 RNA 聚合酶(DNAdependentRNApolymerase,DDRP)。它广泛存在于原核生物细胞和真核生物细胞中,但两者中的 RNA 聚合酶有不同结构及特性。

(一)原核生物 RNA 聚合酶

原核生物细胞中只有 1 种 RNA 聚合酶,它兼有合成 mRNA、tRNA 和 rRNA 的功能。各种原核生物中的 RNA 聚合酶具有相似的组成、分子量及功能(表 11-1)。大肠杆菌(E. coli) RNA 聚合酶:4 种亚基 α、β、β'、σ 组成的五聚体蛋白质,分子量 480kD。

表 11-1 原核生物 RNA 聚合酶各亚基的功能

亚 基	相对分子质量	功 能
α	36512	决定哪些基因被转录
β	150618	与转录全过程有关(催化)
β'	155613	结合 DNA 模板(开链)
σ	70263	辨认起始点

原核生物 RNA 聚合酶全酶(holoenzyme)形式为:$\alpha_2\beta\beta'\sigma$,即 σ 亚基 + 核心酶(图 11-2)。σ 亚基的功能是辨认转录起始点,转录起始阶段需要全酶;核心酶(core enzyme)形式为:$\alpha_2\beta\beta'$,能催化 NTP 按模板的指引合成 RNA,在转录延长全过程中均起作用。

原核生物 RNA 聚合酶的功能主要有:① 以全酶形式从 DNA 分子中识别转录的起始部位。② 促使与酶结合的 DNA 双链分子打开约 17 个碱基对。③ 催化与模板碱基互补的 NTP 逐一以 $3',5'$-磷酸二酯键相连,从而完成一条 RNA 的转录。④ 识别转录终止信号。⑤ 参与转录水平的调控。(图 11-3)

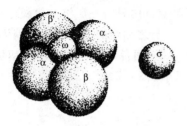

RNA 聚核酶的亚单位示意图

图 11-2 原核生物 RNA 聚合酶全酶
示意图

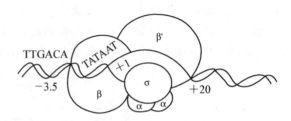

图 11-3 原核生物的 RNA 聚合酶全酶及其在转录
起始区的结合

RNA 聚合酶缺乏 $3'\rightarrow5'$ 外切酶的活性,没有校对功能,故 RNA 合成的错误率较 DNA 合成的错误率高得多。但这不涉及细胞中永久性遗传物质,故对细胞的存活不致造成多大危害。

(二)真核生物中的 RNA 聚合酶

真核生物中的 RNA 聚合酶比原核生物中的 RNA 聚合酶复杂。已发现有 3 种,分别称为 RNA 聚合酶Ⅰ、Ⅱ、Ⅲ。它们专一性转录不同基因,催化合成不同种类的 RNA(见表 11-2)。

表 11-2　真核生物中的 RNA 聚合酶功能

种　　类	RNA 聚合酶Ⅰ	RNA 聚合酶Ⅱ	RNA 聚合酶Ⅲ
转录产物	45S rRNA	hnRNA	5S rRNA、tRNA、snRNA
对鹅膏蕈碱的反应	耐受	极敏感	中度敏感

[知识扩展]

利福霉素(rifamycin)及利福平(rifampicin)能与 p 亚基结合而抑制原核生物 RNA 聚合酶的活性,使 RNA 聚合酶全酶及核心酶的活性丧失,结果细菌的转录作用及 RNA 的合成停止。临床上常利用它们作为抗结核药物。

第二节　转录过程

RNA 的转录合成类似于 DNA 的复制,都以 DNA 为模板;以聚合酶催化核苷酸之间生成磷酸二酯键;都从 5′至 3′方向延伸成多聚核苷酸;都遵从碱基配对规律。但由于复制与转录的目的不同,转录又具有特点。

RNA 的转录过程大体可分为起始、延长、终止三个阶段。真核生物的转录过程,除延长阶段与原核生物相似外,起始和终止过程都与原核生物有较多的不同。

一、转录起始

(一)原核生物的转录起始

1. 操纵子(operon)

原核生物每一转录区段可视为一个转录单位,称为操纵子。操纵子包括若干个结构基因及其上游的调控序列。

2. 启动子(promotor)

启动子指 RNA 聚合酶识别、结合并开始转录的一段 DNA 序列,是控制转录的关键部位。原核生物启动子序列按功能的不同可分为三个部位,即起始部位、结合部位、识别部位。

(1) 起始部位(start site):指 DNA 分子上开始转录的作用位点,该位点有与转录生成 RNA 链的第一个核苷酸互补的碱基,该碱基的序号为+1。

(2) 结合部位(binding site):是 DNA 分子上与 RNA 聚合酶的核心酶结合的部位,其长度为 7bp,中心部位在−10bp 处,碱基序列具有高度保守性,富含 TATAAT 序列,故称之为 TATA 盒(TATA box),又称普里布诺序列(Pribnow box)。该序列中富含 AT 碱基,维持双链结合的氢键相对较弱,导致该处双链 DNA 易发生解链,有利于 RNA 聚合酶的结合。

（3）识别部位(recognition site)：是 RNA 聚合酶的 σ 因子识别并结合的 DNA 区段。其中心位于 $-35bp$ 处。多种启动子共有序列为 5′-TTGACA-3′。在 -35 区与 -10 区之间大约间隔有 17 个 bp。

3. 转录起始反应

转录起始复合物是 RNA 聚合酶的全酶、DNA 模板和四磷酸二核苷酸(pppGpN-OH3′)三者结合在一起的复合体。

原核转录开始，RNA 聚合酶全酶借 σ 因子作用，识别转录单位上的启动子并与之结合，覆盖 75～80bpDNA 区段，包含 $-35bp$ 的识别部位，RNA 聚合酶与 DNA 结合较松弛，聚合酶沿 DNA 滑动，与 -10 区结合更为牢固，在接近转录起始点时聚合酶与 DNA 模板形成稳定复合物。同时全酶结合的 DNA 在小范围构象改变，双链打开，暴露模板序列，根据碱基互补的原则，相应的原料 NTP 按照 DNA 模板序列而依次进入。RNA 合成不需引物，在 RNA 聚合酶的催化下，起始点上相邻排列的头两个 NTP 以 3′,5′-磷酸二酯键相连，第一个核苷酸多为鸟嘌呤核苷酸。转录起始阶段生成的 5′ppp-GpN-OH 末端，转录延长时在 mRNA 分子中一直保留至转录完成。

转录起始完成后 σ 因子即从起始复合物上脱落，剩下的核心酶继续沿 DNA 链向下游移行，进入延长阶段。脱落下的 σ 因子可以再次与核心酶结合而循环使用。

（二）真核生物的转录起始

真核基因转录起始上游也有保守性的共有序列，需要 RNA 聚合酶对这些起始序列作辨认和结合，启动转录生成转录起始复合物。对 RNA 聚合酶 II 转录相关的共有序列包括在 -25 区附近有 TATA 序列，称为 TATA 盒(TATA box)，主要决定转录起点。在上游 $-100bp$ 左右还有 CAAT 序列，称为 CAAT 盒(CAAT box)及 GC 盒等短序列，这些与转录调节相关的 DNA 特异序列统称为顺式作用元件。不同物种、不同细胞或不同的基因，可以有不同的上游 DNA 序列。（图 11-4）

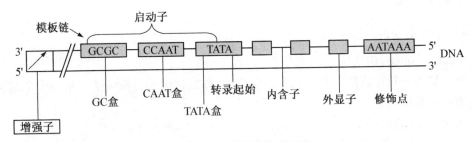

图 11-4 真核生物转录基因

真核生物转录起始十分复杂，往往需要多种蛋白因子参与，这些因子称为转录因子(transcription factors,TF)。它们与 RNA 聚合酶一起共同参与转录起始的过程。相应于 RNA 聚合酶 I、II、III 的 TF，分别称为 TF I、TF II、TF III。TF II D 是目前已知唯一能结合 TATA 盒的蛋白质，在转录起始中作为第一步，指导 RNA 聚合酶 II 进入作用位点。

真核生物 RNA 聚合酶不能直接与 DNA 结合，在转录之前，必须靠 TF 之间的互相结合和促进，然后 RNA 聚合酶 II 再加入，形成起始前复合物(pre-initiation complex,PIC)，再开始进行转录。形成 PIC 的次序如下(图 11-5)。

TF II D 有两类组分，即 TATA 结合蛋白(TBP)可特异识别结合 TATA 序列，另是 TBP

相关因子(TAFs)有 9 个亚基,TFⅡA 能激活 TBP 并解除 TAFs 对转录复合物组装的抑制作用。TFⅡD 结合于 TATA 盒后,TFⅡA 和 TFⅡB 次序加入,TFⅡB 可与 TA-TA 盒的下游松散作用,保护转录起始点附近 DNA 模板,为 RNA polⅡ结合的识别做好准备。继后 TFⅡF可携带 RNA polⅡ进入,TFⅡF 大亚基有解旋酶活性,小亚基与 RNA polⅡ结合。这使聚合体覆盖至下游+15 部位,催化第一个磷酸二酯键合成。另外 TFⅡF 进入使复合体离开启动子向下游移动。TFⅡH 和 TFⅡJ 加入,消耗 ATP 促进 DNA 解旋暴露模板链和转录起点,共同促进 RNA polⅡ复合物向下游移动。完成转录起始复合物组装。

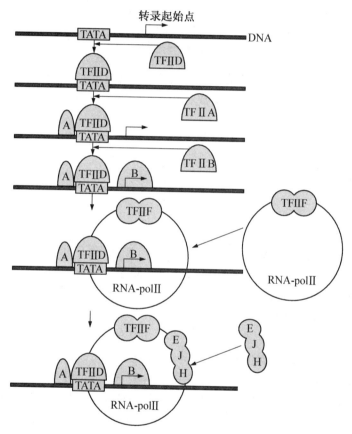

图 11-5 真核生物 RNA 聚合酶Ⅱ催化的转录前起始复合物

二、转录延长

原核生物和真核生物转录延长反应之间区别不大。现以原核生物转录延长阶段来说明。

转录起始复合物形成后,σ亚基即脱落。由于σ亚基的离去,使复合体中核心酶的构象发生改变,与 DNA 模板的结合变得松散,有利于 RNA 聚合酶沿 DNA 链的 3′→ 5′方向迅速向前移行,每移行一步都与一分子三磷酸核苷生成一个新的磷酸二酯键,使合成的 RNA 链沿着 5′→ 3′方向不断延伸。

在转录延伸过程中,要求 DNA 双螺旋小片段解链,暴露长度约为 17bp 的单链模板由 RNA 聚合酶核心酶、DNA 模板和转录产物 RNA 三者结合成转录空泡,也称为转录复合物 (图 11-6)。随 RNA 聚合酶前移,后面的 DNA 又恢复双螺旋结构。

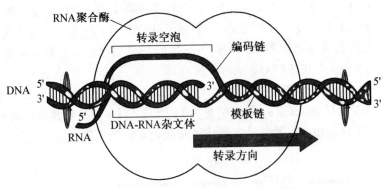

图 11-6　原核生物的转录空泡

　　由于转录过的 DNA 链生成双螺旋的趋势更强,也更稳定,在转录过程中,转录泡中的新生 RNA 链 3′端部分与 DNA 模板链只形成长约 12bp 的 RNA-DNA 杂交链。而大部分 5′端一侧离开模板伸展在转录泡外。

　　原核生物正延伸的 mRNA 链虽未完成转录,该链已经结合上核蛋白体开始翻译蛋白质,使转录和翻译都以高效率进行。

三、转录终止

（一）原核生物的转录终止

　　原核生物的转录终止有两种形式,一种是依赖 ρ(Rho)因子的终止,一种是不依赖 ρ 因子的终止。原核生物 DNA 没有共有的终止序列,而是转录产物序列指导终止过程。转录终止信号存在于 RNA 产物 3′端而不是在 DNA 模板。

　　1. 依赖 ρ 因子的转录终止

　　Rho 因子是 rho 基因的产物,广泛存在于原核和真核细胞中,由 6 个亚基组成,相对分子质量 300kD。Rho 因子结合在新生的 RNA 链上,借助水解 ATP 获得能量推动其沿着 RNA 链移动,但移动速度比 RNA 聚合酶慢,当 RNA 聚合酶遇到终止子时便发生暂停,Rho 因子得以赶上酶。Rho 因子与 RNA 聚合酶相互作用,导致释放 RNA,并使 RNA 聚合酶与该因子一起从 DNA 上释放下来(图 11-7)。

　　2. 不依赖 ρ 因子的转录终止

　　这种转录终止方式是由于在 DNA 模板上靠近终止处有些特殊的碱基序列,即较密集的 A-T 配对区或 G-C 配对区,这一部位转录出的 RNA 产物 3′端终止区一级结构有 7～20 碱基的反向重复序列,能形成具有茎和环的发夹结构,发夹结构 3′侧 7～9 碱基后有 4～6 个连续的 U。RNA 转录的终止即发生在此二级结构之内或之后。当新生成的 RNA 链 3′端出现发夹样局部二级结构时,RNA 聚合酶就会停止作用,这可能是此二级结构改变了 RNA 聚合酶的构象,使酶不再向下游移动,磷酸二酯键停止形成,RNA 合成终止。因此转录终止信号仍是 RNA 产物序列。在发夹结构后的连续 U 使 RNA-DNA 杂交链含多个 U-A 碱基配对而不稳定,容易解离,转录实际终止点在连续 U 末端的某一位点。局部解开的 DNA 恢复双螺旋,核心酶从模板上释放出来(图 11-8)。

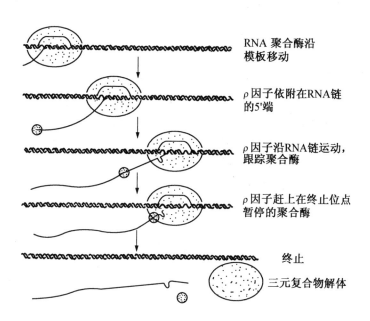

图 11-7 ρ 因子参与的 RNA 合成终止模式

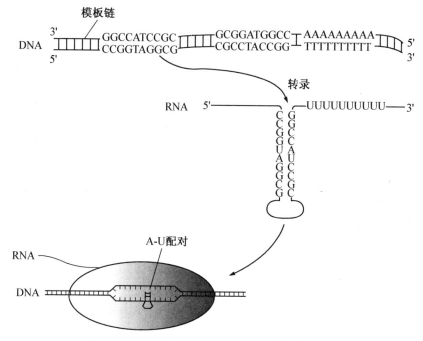

图 11-8 不依赖 ρ 因子参与的 RNA 合成终止模式

原核生物 RNA 转录全过程见图 11-9：

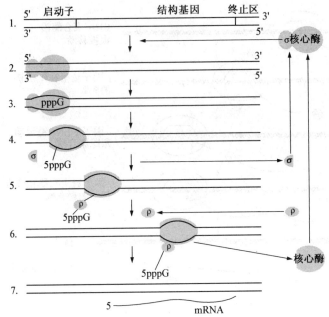

1. 待转录的基因；2. 起始，全酶结合于启动区；3. 起始复合物（转录泡）形成；4. 起始延伸
复合物形成；5. σ因子释放，开始延长；6. σ因子追上了RNA聚合酶；7. 转录终止

图 11-9　原核生物 RNA 转录的全过程

（二）真核生物的转录终止

　　真核生物的转录终止与转录后修饰密切相关。真核 mRNA3′端在转录后发生修饰，加上多聚腺苷酸(polyA)的尾巴结构。大多数真核生物基因末端有一段 AATAAA 共同序列，在下游还有一段富含 GT 序列，这些序列称为转录终止的修饰点。真核 RNA 转录终止点在越过修饰点延伸很长序列之后，在特异的内切核酸酶作用下从修饰点处切除 mRNA，随即加入 polyA 尾巴及 5′-帽子结构。余下的继续转录的一段核苷酸序列，但因无帽子结构的保护作用，很快被 RNA 酶所降解(图 11-10)。

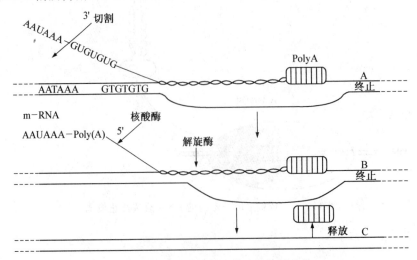

图 11-10　真核生物转录终止及加尾修饰

第三节　真核生物 RNA 转录后的加工修饰

真核生物转录生成的 RNA 是初级转录产物(primary transcripts),是不具备生物活性及独立功能的前体 RNA,必须经过适当的加工处理,才能变为成熟的、有活性的 RNA。加工过程主要在细胞核中进行,加工后成熟的 RNA 通过核孔运输到胞液中。各种 RNA 前体的加工过程有共性,也有各自特点。

一、mRNA 的转录后加工

真核生物中的结构基因基本上都是断裂基因,即在结构基因中编码序列与非编码序列间隔排列。结构基因中能够指导多肽链合成的编码序列被称为外显子,而不能指导多肽链合成的非编码序列称为内含子。

真核生物 DNA 转录生成的原始转录产物 mRNA 前体是核不均一 RNA(heterogeneous nuclear RNA,hnRNA),即 mRNA 初级产物中含有不编码任何氨基酸的插入序列,该序列由内含子(intron)编码,这种内含子将编码序列外显子(exon)隔开,所以前体 mRNA 分子一般比成熟 mRNA 大 4~10 倍,必须经过加工修饰才能作为蛋白质翻译的模板。其加工修饰主要包括 5′端加"帽"(capping)和甲基化修饰、3′端加 polyA"尾"(tailing)和剪去内含子拼接外显子等。

(一) 5′端帽子的生成

mRNA 的帽子结构(GpppmG-)是在 5′-端形成的(图 11-11)。转录产物第一个核苷酸往往是 5′-三磷酸鸟苷 pppG。mRNA 成熟过程中,先由磷酸酶把 5′-pppG-水解,生成 5′-ppG 或 5′-pG-。然后,5′-端与另一三磷酸鸟苷(pppG)反应,生成三磷酸双鸟苷。在甲基化酶的作用下,第一或第二个鸟嘌呤碱基发生甲基化,形成帽子结构。

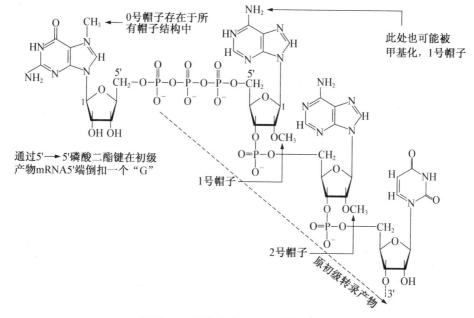

图 11-11　真核生物 mRNA 的帽子结构

帽子结构的作用:① 是前体 mRNA 在细胞核内的稳定因素;② 也是 mRNA 在细胞质内的稳定因素,没有帽子结构的转录产物很快被核酸酶水解;③ 促进蛋白质生物合成起始复合物的生成,因此提高了翻译强度。

(二) 3′末端多聚 A 尾的生成

真核生物的成熟的 mRNA 3′-端通常都有 $100\sim200$ 个腺苷酸残基,构成多聚腺苷酸(polyA)尾巴(图 11-12)。加尾过程是在核内进行的。加工过程先由核酸外切酶切去 3′-末端一些过剩的核苷酸,然后由多聚腺苷酸酶催化,以 ATP 为底物,在 mRNA 3′-末端逐个加入腺苷酸,形成 polyA 尾。3′-末端切除信号是 3′-端一段保守序列 AAUAAA。

polyA 尾巴的功能:① mRNA 由细胞核进入细胞质所必需的形式;② 大大提高了mRNA 在细胞质中的稳定性。

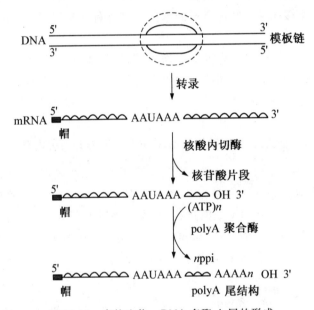

图 11-12　真核生物 mRNA 多聚 A 尾的形成

(三) 剪接修饰

1. 剪接

鸡的卵清蛋白基因全长 7.7kb(kilobase pairs,千碱基对)有 8 个外显子,即先导序列 L 和外显子 $1\sim7$,编码该蛋白的 386 个氨基酸,如图 11-13 所示。图中 A 至 G 为 7 个内含子,把外显子相隔开。

2. 剪接体

mRNA 剪接是在剪接体(spliceosome)上进行的。

在转录时,外显子和内含子均转录到同一 hnRNA 中,转录后把 hnRNA 中的内含子除去,把外显子连接起来,这就是 RNA 的剪接作用(splicing)。

snRNA,核内的小型 RNA。碱基数在 $100\sim300$bp 范围。snRNA 和核内的蛋白质组成核糖核酸蛋白体,称为并接体(splicesome),并接体结合在 hnRNA 的内含子区段,并把内含子弯曲使两端(5′ 和 3′端相互靠近),利于剪接过程的进行。

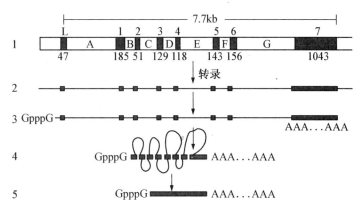

1. 卵清蛋白基因；2. 转录初级产物hnRNA；3. hnRNA的首尾修饰；
4. 剪切过程中套索RNA的形成；5. 胞浆中出现的mRNA，套索已移去

图 11-13　断裂基因转录、转录后及其修饰

并接体和 hnRNA 的结合,并接体上的 U1-snRNA 和 U2-snRNA 分别靠碱基互补关系去辨认及结合内含子的 5′ 和 3′ 端(图 11-14)。

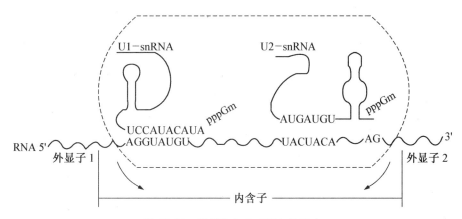

图 11-14　并接体与 hnRNA 的结合

3. mRNA 前体的剪接机制(套索的形成及剪接)

在剪接过程中,UlsnRNP 能识别结合内含子 5′ 末端剪接点,并与其互补而结合,U_2snRNP 识别并结合于 A 序列的分支点,形成 U_1-mRNA 前体 U_2-复合物,U_5snRNP 能识别并互补结合于内含子 3′ 末端剪接点,snRNP 形成复合物与上一复合物结合形成剪接体(splicesome)。在这一剪接体催化下,mRNA 前体的剪接过程分两步进行。第一步反应是由内含子分支点中的腺苷酸(A)的 2′-羟基,攻击内含子 5′ 末端与外显子 1 之间连接的磷酸二酯键,从而使内含子分支点与内含子 5′ 末端两者彼此相连,并形成一个套索(lariat)形式的中间产物。第二步反应是由被剪下的外显子 1 的 3′ 端羟基,攻击内含子 3′ 端与外显子 2 之间连接的磷酸二酯键,使该键断裂,内含子以套索形式被剪切下来,同时使外显子 1 与外显子 2 连接起来。

剪接反应中,既无水解作用的发生,又无磷酸二酯键数目的改变,因此,它们实质上是两次磷酸酯键的位置转移,称二次转酯反应(图 11-15)。

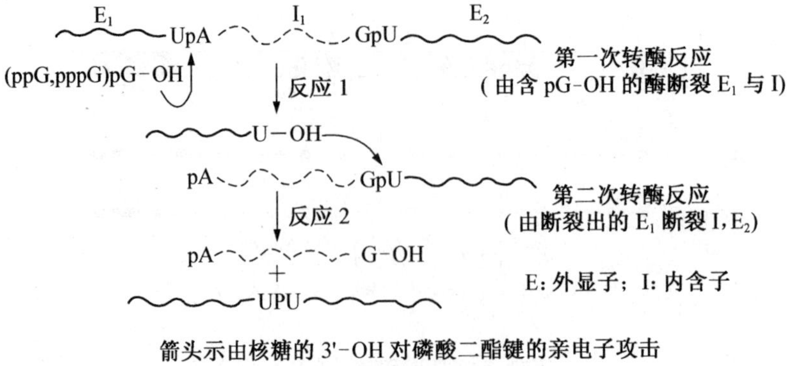

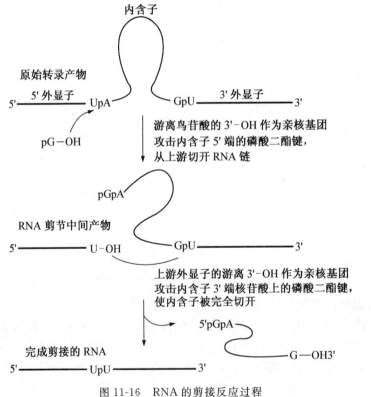

图 11-15　剪接过程的二次转酯反应

RNA 的剪接反应过程如图 11-16 所见。

图 11-16　RNA 的剪接反应过程

（四）甲基化作用

真核生物 mRNA 链中含有甲基化的核苷酸,除了 5′端帽子结构中含有 1～3 个甲基化核苷酸外,在 mRNA 分子内部还有甲基化的核苷酸,主要在嘌呤环 6 位上甲基化,即 m^6A,m^6A 的生成是在 hnRNA 的剪接作用之前发生的。

二、tRNA 转录后加工

真核 tRNA 前体由 RNApol Ⅲ 催化生成,其加工包括 5′末端及 3′末端处切除多余的核苷

酸;去除内含子进行剪接作用;3′-端加 CCA 以及碱基的修饰。(图 11-17)

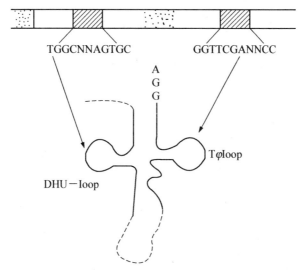

虚线是转录后加工要被剪除的部分 3′ 的 CAA-OH 也是加工生成的

图 11-17 RNA 聚合酶Ⅲ转录的基因及转录产物

1. 剪接作用

tRNA 的剪接是酶促反应的切除过程(图 11-18)。在 RNA 酶 P 的作用下,于 tRNA 前体的 5′端切除多余的核苷酸。tRNA 前体中包含的内含子,可通过核酸内切酶催化切除内含子,再通过连接酶将外显子部分连接起来。

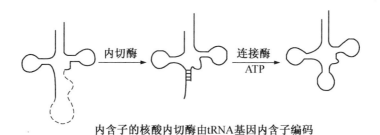

内含子的核酸内切酶由tRNA基因内含子编码

图 11-18 tRNA 的酶促反应剪接

2. 稀有碱基的生成

tRNA 中含有多种稀有碱基,是在 tRNA 前体加工过程中通过化学修饰作用形成的,tRNA 前体中约 10% 核苷酸经酶促修饰,其修饰的方式有:

(1)甲基化反应 在 tRNA 甲基转移酶催化下,使某些嘌呤生成甲基嘌呤,如 A→^{m}A,G→^{m}G。

(2)还原反应 某些尿嘧啶还原为双氢尿嘧啶(DHU)。

(3)脱氢反应 某些腺苷酸脱氢成为次黄嘌呤核苷酸(1)

(4)碱基转位反应 尿嘧啶核苷酸转化为假尿嘧啶核苷酸(U→φ)。

3. CCA—OH 3′末端的形成 在核苷酸转移酶的作用下,由 RNA 酶 D 切除 tRNA 前体 3′多余的 U,加上 CCA—OH 末端,完成 tRNA 柄部结构。

三、rRNA 的转录后加工

染色体 DNA 中 rRNA 基因是多拷贝的,例如细菌的基因中 rRNA 基因有 5~10 个拷贝。真核生物中 rRNA 基因的拷贝数极多,这些 rRNA 基因位于核仁中,在 DNA 分子中以纵向串联方式重复排列,属于高度重复序列。在这些重复单位之间,由非转录的间隔区(spacer)将它们彼此隔开。每个重复单位(即 rRNA 基因)首先转录出的产物为原始 rRNA 前体。

大多数真核生物核内为一种 45S 的原始转录产物,它是 18SrRNA、5.8SrRNA 及 28SrRNA 三种 rRNA 的共同前体。45SrRNA 经剪接后,先分出属于核蛋白体小亚基的 18SrRNA,余下的部分再剪切产生成 5.8S 及 28SrRNA。rRNA 在成熟过程中还需进行甲基化修饰的过程,主要是在 28S 及 18S 中,甲基化作用多发生在核糖上,较少在碱基上。

真核生物 5SrRNA 的基因也是丰富基因组。5SrRNA 的转录产物,无需加工就转移到核仁,和 28SrRNA、5.8SrRNA 及多种蛋白质装配成大亚基,18SrRNA 与蛋白质装配成小亚基,共同组成核蛋白体由核内转运到胞液中,是真核生物 rRNA 前体的加工过程。

第十二章

蛋白质的生物合成

蛋白质的生物合成过程,就是将 DNA 传递给 mRNA 的遗传信息,再具体的解译为蛋白质中氨基酸排列顺序的过程,这一过程也被称为翻译(translation)。蛋白质是大多数遗传信息的终产物。

蛋白质生物合成利用的化学能占细胞所有生物合成反应的 90%;每个细胞中各种蛋白质和 RNA 都要成千上万个拷贝,可见蛋白质生物合成对于细胞生存是极其重要的。

第一节　RNA 在蛋白质生物合成中的作用

生物体内的各种蛋白质都是生物体内利用约 20 种氨基酸为原料自行合成的。参与蛋白质生物合成的各种因素构成了蛋白质合成体系,该体系包括:① mRNA:作为蛋白质生物合成的模板,决定多肽链中氨基酸的排列顺序;② tRNA:搬运氨基酸的工具;③ 核蛋白体:蛋白体生物合成的场所;④ 酶及其他蛋白质因子;⑤ 供能物质及无机离子。

一、翻译模板 mRNA 及遗传密码

(一)遗传密码

mRNA 作为蛋白质生物合成的模板,以核苷酸序列的形式指导多肽链氨基酸序列的合成。从 mRNA 5′端起始密码子到终止密码子前的一段 DNA 序列,代表一个基因,称为开放阅读框架(open reading frame,ORF)。开放阅读框架内每 3 个碱基组成的三联体称遗传密码子(genetic codon),决定一种氨基酸。(图 12-1)

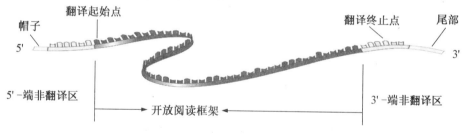

图 12-1　mRNA 结构

依据人工设计合成的各种 mRNA 进行体外翻译所得实验结果，于 1965 年编成遗传密码表（表 12-1）。

表 12-1　遗传密码表

第一个核苷酸(5′)	第二个核苷酸				第三个核苷酸(3′)
	U	C	A	G	
U	苯丙氨酸	丝氨酸	酪氨酸	半胱氨酸	U
	苯丙氨酸	丝氨酸	酪氨酸	半胱氨酸	C
	亮氨酸	丝氨酸	终止密码子	终止密码子	A
	亮氨酸	丝氨酸	终止密码子	色氨酸	G
C	亮氨酸	脯氨酸	组氨酸	精氨酸	U
	亮氨酸	脯氨酸	组氨酸	精氨酸	C
	亮氨酸	脯氨酸	谷氨酰胺	精氨酸	A
	亮氨酸	脯氨酸	谷氨酰胺	精氨酸	G
A	异亮氨酸	苏氨酸	天冬酰胺	丝氨酸	U
	异亮氨酸	苏氨酸	天冬酰胺	丝氨酸	C
	异亮氨酸	苏氨酸	赖氨酸	精氨酸	A
	甲硫氨酸	苏氨酸	赖氨酸	精氨酸	G
G	缬氨酸	丙氨酸	天冬氨酸	甘氨酸	U
	缬氨酸	丙氨酸	天冬氨酸	甘氨酸	C
	缬氨酸	丙氨酸	谷氨酸	甘氨酸	A
	缬氨酸	丙氨酸	谷氨酸	甘氨酸	G

（二）遗传密码的特点

1. 方向性

翻译时遗传密码的阅读方向是 5′→3′，即读码从 mRNA 的起始密码子 AUG 开始，按 5′→3′ 的方向逐一阅读，直至终止密码子（图 12-2）。

图 12-2　遗传密码的阅读方向

2. 连续性

即从起始密码开始，各三联体密码子连续阅读而无间断，各碱基之间既无间隔也无交叉（图 12-3，图 12-4），如果阅读框架中有碱基插入或缺失，就会造成框移突变，改变下游氨基酸序列。

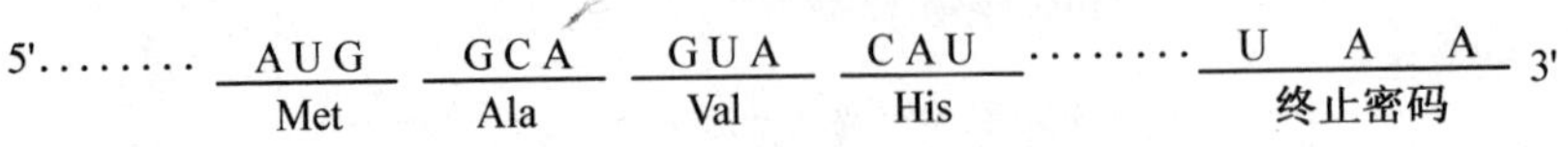

5′……… AUG　GCA　GUA　CAU　……… U　A　A 3′
　　　　　Met　Ala　Val　His　　　　　终止密码

图 12-3　遗传密码的连续阅读

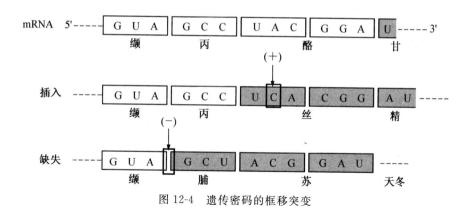

图 12-4 遗传密码的框移突变

3. 简并性

一种氨基酸可具有 2 个或 2 个以上的密码子为其编码。这一特性称为遗传密码的简并性。除色氨酸和甲硫氨酸仅有 1 个密码子外,其余氨基酸有 2、3、4 个或多至 6 个三联体为其编码。为同一种氨基酸编码的各密码子称为简并性密码子,也称同义密码子。

从遗传密码表可看到,决定同一种氨基酸密码子的头两个核苷酸往往是相同的,只是第三个核苷酸不同,表明密码子的特异性由第一、第二个核苷酸决定,第三位碱基发生点突变时仍可翻译出正常的氨基酸。

4. 摆动性

mRNA 密码子与 tRNA 分子上的反密码子(anticodon)间通过碱基配对正确识别,是遗传信息准确传递的保证。虽然每个 tRNA 只有一个特定的反密码子,但有时可能读一个以上的密码,这是因为密码的前两位碱基和反密码严格配对,而密码第三位碱基与反密码第一位碱基不严格遵守 A-T、G-C 的配对规则,而只形成松散的氢键,称为遗传密码配对的摆动性(wobble),见表 12-2,图 12-5。

表 12-2 tRNA 与 mRNA 的摆动配对

tRNA 反密码子第 1 位碱基	I	U	G	A	C
mRNA 密码子第 3 位碱基	U,C,A	A,G	U,C	U	G

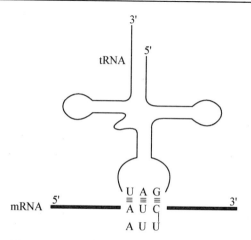

图 12-5 tRNA 与 mRNA 配对时存在摆动性

tRNA 的反密码子 UAG 既可以与 mRNA 的密码子 AUC 配对也可与密码子 AUU 配对。

5. 通用性

实验证明,所有生物体在蛋白质生物合成中使用的遗传密码相同,称遗传密码使用的通用性(widespread),表明密码子可能在生命进化的早期就已建立。但发现少数线粒体密码子与标准密码子不同。如线粒体中 AUA 与 AUG 含义相同,代表 Met 和起始密码子;UGA 为 Trp 密码子而不是终止密码子;而 AGA 和 AGG 是终止密码子等。

6. 起始密码

位于 mRNA 起始部位的 AUG 称为起始密码,同时编码甲硫氨酸;终止密码:UAA、UAG、UGA,不代表任何氨基酸,仅作为肽链合成的终止信号。

二、tRNA 和氨基酰 tRNA

在氨基酰 tRNA 合成酶催化下,特定的 tRNA 可与相应的氨基酸结合,生成氨基酰tRNA,从而携带氨基酸参与蛋白质的生物合成。

tRNA 分子上几个重要结构与其功能相关,$3'$端共有的 CCA 序列是结合氨基酸部位,一种氨基酸可以和 $2 \sim 6$ 种 tRNA 特异的结合;tRNA 分子中还有一个反密码环,此环上的反密码子能识别 mRNA 中的密码子并且与它配对结合。因此,在蛋白质的生物合成过程中,tRNA 起着运输氨基酸和中介密码子与氨基酸之间的转换即接合体(adaptor)的作用。

tRNA 与相应氨基酸的正确结合依赖于特异催化作用的氨基酰-tRNA 合成酶。(aminoacyl-tRNAsynthetase)该酶催化反应如下:

$$氨基酸 + ATP + tRNA \xrightarrow{Mg^{2+}} 氨基酰\text{-}tRNA + AMP + PPi$$

催化这一化学反应的酶是氨基酰-tRNA 合成酶,该酶具有绝对专一性,能特异性地识别氨基酸和 tRNA,并利用 ATP 释放的能量完成氨基酰-tRNA 的合成。上述合成反应分 2 个步骤完成:第一步是氨基酸被 ATP-酶复合体(ATP-E)活化成氨基酰-AMP-E;第二步是活化的氨基酸与 tRNA 的结合:

$$氨基酸 + ATP\text{-}E \longrightarrow 氨基酰\text{-}AMP\text{-}E + PPi$$
$$氨基酰 AMP\text{-}E + tRNA \longrightarrow 氨基酰\text{-}tRNA + AMP + E$$

反应分 2 步进行,有利于酶分别对氨基酸和 tRNA 两种底物进行特异性地辨认,从而准确无误地完成氨基酰-tRNA 的合成。同时氨基酰-tRNA 合成酶还有校正活性(editing activity),对上述 2 步反应任何一步出现错误都会加以更正。

原核生物的起始密码只能辨认甲酰化的甲硫氨酸,即 N-甲酰甲硫氨酸(fMet)。但在真核生物中,AUG 既为甲硫氨酸的编码,同时又是起始密码,参与翻译起始的甲硫氨酰-tRNA 为起始 tRNA(initiator tRNA,$tRNA_i^{met}$),它与 mRNA 中间的 AUG 密码子的甲硫氨酰-tRNA($tRNA_e^{met}$)结构不同,$tRNA_i^{met}$ 和 $tRNA_e^{met}$ 分别被起始因子和延长中起催化作用的酶所辨认。

三、rRNA 和核蛋白体

(一) 核糖体的结构与功能

核糖体又称为核蛋白体,是由核糖体 RNA(rRNA)和几十种蛋白质组成的亚细胞颗粒,位于胞浆内,可分为两类:一类附着于粗面内质网,主要参与白蛋白、胰岛素等分泌性蛋白质的合成;另一类游离于胞浆,主要参与细胞固有蛋白质的合成。

原核生物中的核蛋白体大小为 70S,可分为 30S 小亚基和 50S 大亚基。小亚基由 16SrRNA 和 21 种蛋白质构成,大亚基由 5SrRNA、23SRNA 和 35 种蛋白质构成。

真核生物中的核蛋白体大小为 80S,也分为 40S 小亚基和 60S 大亚基。小亚基由 18SrRNA 和 30 多种蛋白质构成,大亚基则由 5S rRNA、28S rRNA 和 50 多种蛋白质构成,在哺乳动物中还含有 5.8S rRNA。

大肠杆菌核蛋白体的空间结构为一椭圆球体,其 30S 亚基呈哑铃状,50S 亚基带有三角,中间凹陷形成空穴,将 30S 小亚基抱住,两亚基的结合面为蛋白质生物合成的场所。

核蛋白体的大、小亚基分别有不同的功能:

1. 小亚基

可与 mRNA、GTP 和起始 tRNA 结合。

2. 大亚基

(1) 具有两个不同的 tRNA 结合点。A 位(右)——受位或氨酰基位,可与新进入的氨基酰 tRNA 结合;P 位(左)——给位或肽酰基位,可与延伸中的肽酰基 tRNA 结合。

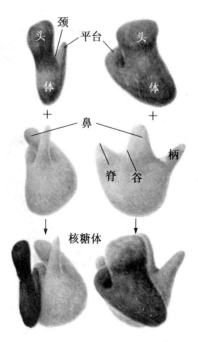

图 12-6　大肠杆菌核蛋白体模式图

(2) 具有转肽酶活性:将给位上的肽酰基转移给受位上的氨基酰 tRNA,形成肽键。

(3) 具有 GTPase 活性,水解 GTP,获得能量。

(4) 具有起动因子、延长因子及释放因子的结合部位。

多核糖体(polyribosome)在蛋白质生物合成过程中,常常由若干核蛋白体结合在同一 mRNA 分子上,同时进行翻译,但每两个相邻核蛋白之间存在一定的间隔,形成念球状结构。

由若干核蛋白体结合在一条 mRNA 上同时进行多肽链的翻译所形成的念球状结构称为多核蛋白体。(图 12-7,图 12-8)

细胞通过多核糖体的方式合成蛋白质,大大提高了 mRNA 的效率。原核生物中转录和翻译是紧密偶联的。在转录完成之前,核糖体就从 mRNA5′末端开始翻译。真核生物转录的 mRNA 加工为成熟 mRNA,从核转运到细胞质开始翻译。

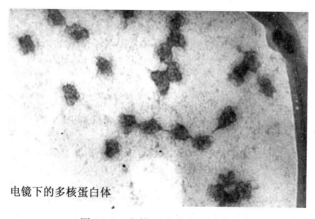

电镜下的多核蛋白体

图 12-7　电镜下的多核蛋白体

完整的多肽链
60S 亚基
3'
40S
亚基
UAG
终止密码子
AUG
5'
起始密码子
m RNA
初始多肽链
NH_2
100nm

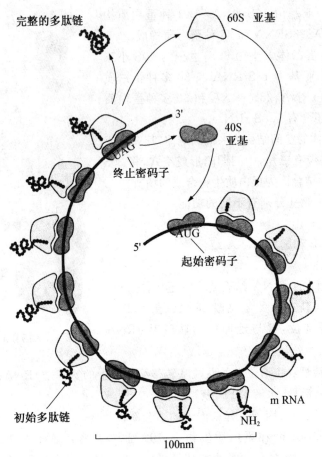

图 12-8 蛋白质翻译中的多核蛋白体形式

第二节 蛋白质生物合成过程

一、翻译的起始

翻译的起始是把带有甲硫氨酸的起始 tRNA、mRNA 结合到核糖体上，生成翻译起始复合物(translational initiation complex)。此过程需要核糖体大小亚基、mRNA、Met-tRNA 和多种起始因子共同参与。(图 12-9)

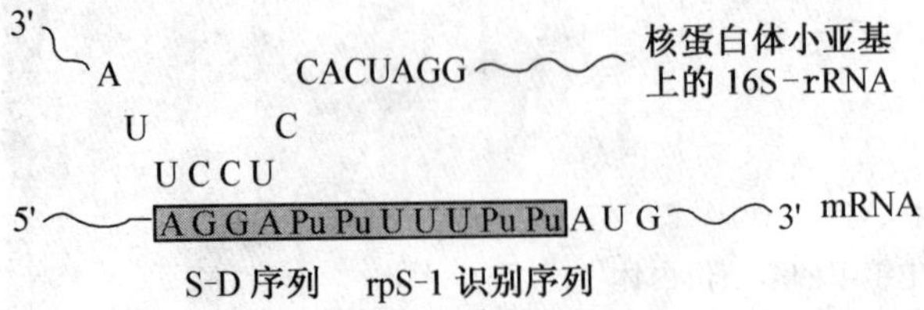

3'
A
CACUAGG
核蛋白体小亚基
上的 16S-rRNA
U
C
UCCU
5'
AGGAPuPuUUUPuPu
AUG
3' mRNA
S-D 序列
rpS-1 识别序列

图 12-9 原核生物 mRNA 与核蛋白体小亚基结合的机制

（一）原核生物起始复合物的生成

原核生物翻译的起始可分为 4 步（图 12-10）：

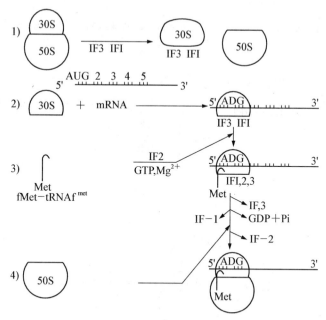

图 12-10　原核生物蛋白质翻译的起始

1. 核糖体大、小亚基的分离起始因子 3（initiation factors，IF-3）和 IF-1 与核糖体结合，使核糖体大、小亚基分开，以利于 mRNA 和 fMet-tRNA 结合到核糖体小亚基上。

2. mRNA 与小亚基结合

原核生物中每一个 mRNA 的 $5'$-端都具有核糖体结合位点，它是位于 AUG 上游 8～13 个核苷酸处由 4～6 个核苷酸组成的富含嘌呤的序列，又称为 SD 序列。这段序列正好与 30S 小亚基中的 16S rRNA $3'$端一部分序列互补，因此 SD 序列又称为核糖体结合位点（ribosomal binding site，RBS）。紧接 SD 序列的小段核苷酸又可以被核糖体小亚基蛋白辨认。原核生物就是靠这种核酸-核酸、核酸-蛋白质之间的辨认结合把 mRNA 结合到核糖体的小亚基上。该结合反应需 IF-3、IF-1 的参与。

3. 甲酰甲硫氨酰-tRNA 的结合

在 IF-2 作用下，fMet-tRNA 与 mRNA 分子中的 AUG 相结合，即密码子与反密码子配对，此步需要 GTP 和 Mg^{2+} 参与。

4. 核糖体大小亚基结合

fMet-tRNA 结合后，IF-3 脱离小亚基，随着 IF-3 的脱落，核糖体 50S 大亚基与 30S 小亚基结合形成 70S 的起始复合物。与此同时 GTP 水解，IF-1 和 IF-2 脱离起始复合物，甲酰甲硫氨酰-tRNA 占据 P 位，A 位是空的，因此与 mRNA 上第二个密码子对应的氨基酰-tRNA 即可进入 A 位。

（二）真核生物翻译起始

真核生物翻译的起始比原核生物要复杂，需要更多起始因子的参与（图 12-11）。

1. 真核生物的核糖体由 40S 的小亚基和 60S 的大亚基组成的 80S 的核糖体。

2. 真核生物的起始 tRNA 所携带的甲硫氨酸不需要甲酰化。

3. 真核生物的 mRNA 未发现有 RBS 序列,但有 5′-端的帽子结构和 3′-端的多聚腺苷酸尾,帽子结构作为一种信号,在翻译起始过程中被帽子结合蛋白(cap-site binding protein, CBP)识别并结合。

4. 真核生物需要更多的起始因子,已发现的真核起始因子(eukaryote initiation factor, eIF)有 10 余种。

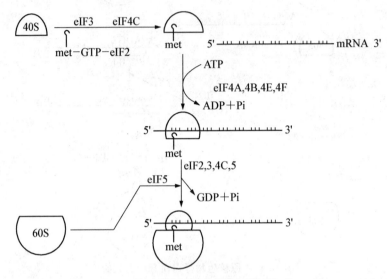

图 12-11　真核生物蛋白质翻译的起始

二、肽链的延长

从狭义上说,多肽链合成延长阶段,为不断连续、循环进行的过程,也称核蛋白体循环。原核及真核生物翻译延长过程基本相同,可分为进位、成肽和转位三个步骤,每循环一次延长一个氨基酸,直到出现肽链合成终止信号。

延长过程需要的蛋白因子称延长因子(elongation factor,EF)。真核生物和原核生物延长因子的功能见表 12-3。

表 12-3　真核生物和原核生物延长因子的功能

原 核 生 物	功　　能	真 核 生 物
EF-T(Tu、Ts)	协助氨基酰 tRNA 进入 A 位,结合 GTP	EF1(α、β、γ)
EFG	转位酶,协助 mRNA 移动,游离 tRNA 的释放	EF2

下面主要讨论原核生物翻译延长过程。

(一)进位(entrance)

根据空留 A 位上对应的 mRNA 遗传密码介导,相应的氨基酰-tRNA 进入核蛋白体 A 位,称为进位,又称注册(图 12-12)。随之进入的氨基酸是 A 位密码子决定的氨基酸,延长因子——EF-T 促进这一过程。

EF-T 由 EF-Tu 和 EF-Ts 两个亚基组成,当 EF-Tu 与 GTP 结合后可释出 EF-Ts, EF-Tu-GTP 与氨基酰-tRNA 形成三元复合物氨基酰-tRNA-Tu-GTP,并进入核蛋白体 A 位,消耗 GTP 水解能量完成进位,并释出 EF-Tu-GDP,EF-Ts 促进 EF-Tu 释出 GDP 并重新形成 EF-Tu-EF-Ts 二聚体(EF-T),再次被利用,催化另一分子氨基酰-tRNA 进位。

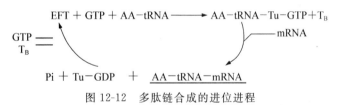

图 12-12　多肽链合成的进位进程

（二）成肽(peptide bondformation)

在转肽酶的催化下,将给位上的 tRNA 所携带的甲酰蛋氨酰基或肽酰基转移到受位上的氨基酰 tRNA 上,与其 α-氨基缩合形成肽键(图 12-13)。此步骤需 Mg^{2+}、K^+。给位上已失去蛋氨酰基或肽酰基的 tRNA 从核蛋白上脱落。

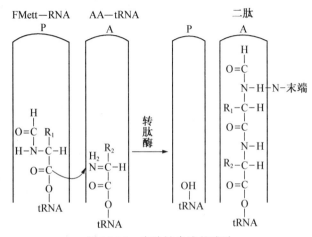

图 12-13　多肽链合成的成肽

（三）转位(translocation)

原核细胞延长因子 G(EFG)有转位酶活性,水解 GTP 供能并催化成肽后的 A 位二肽酰 tRNA 进入 P 位,同时核蛋白体沿 mRNA 向下移动一个密码子,结果二肽酰—tRNA 占据 P 位,A 位再次空缺,且对应 mRNA 第三个密码。继而第 3 号氨基酸按密码指引进入 A 位,重复上述循环,结果使 P 位次序出现 3 肽、4 肽等,肽链延长(图 12-14)。

四、多肽合成的终止

多肽合成终止需要的蛋白因子称释放因子(release factor,RF、RR)。

（一）原核多肽合成终止

1. 当 mRNA 终止密码对应核蛋白体 A 位时,任何氨基酰-tRNA 不与其对应,只有释放因子识别结合。其中 RF-1 辨认终止密码 UAA、UAG,RF-2 可辨认 UAA、UGA。RF 与 GTP 结合,水解 GTP 供能完成此过程。

2. RF-3 可使组成核蛋白体转肽酶的蛋白构象改变,激活其酯酶活性,使 P 位新合成的多肽水解、离开 tRNA。

3. 在释放因子 RR 作用下,使 tRNA、mRNA、RF 与核蛋白体分离。随后 IF-3 等使大、小亚基分开,重新参与蛋白质合成过程。

（二）真核多肽合成终止

真核细胞多肽合成终止时,只有一种释放因子,有 GTP 酶活性,能类似原核细胞 3 种释放因子促进肽链合成终止(图 12-15)。

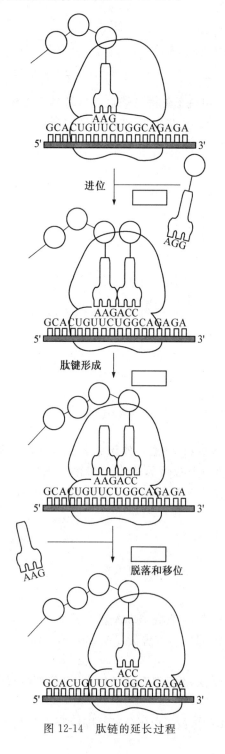

图 12-14 肽链的延长过程

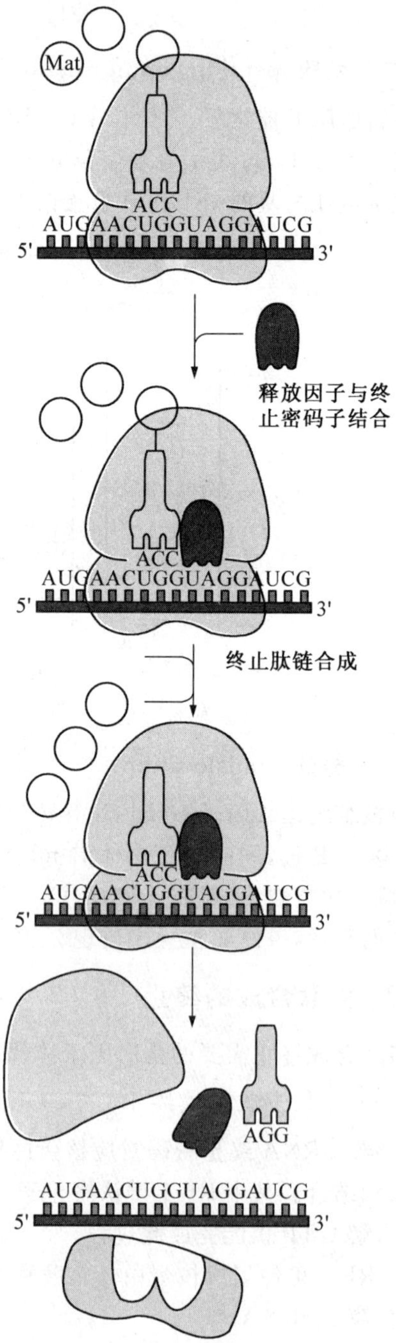

图 12-15 肽链的终止过程

这样通过起始、延长和终止三个阶段,由 mRNA 模板编码序列中各密码子的指导,在核蛋白体上合成具有特定氨基酸序列的肽链。

第三节　蛋白质合成后加工

核蛋白体新合成的多肽链,是蛋白质的前体分子,需要在细胞内经各种加工修饰,才转变成有生物活性的蛋白质,此过程称翻译后加工(post-translational processing)。

一、一级结构的加工修饰

1. 肽段的切除

由专一性的蛋白酶催化,将部分肽段切除。如某些酶原的激活。

2. N 端甲酰蛋氨酸或蛋氨酸的切除

每个多肽链合成时第一个氨基酸多是 N 端甲酰蛋氨酸,但在成熟的蛋白质结构中却很少见,是在加工时被切除,而且必须在多肽链折叠成一定的空间结构之前被切除。

3. 氨基酸的修饰

由专一性的酶催化进行修饰,包括糖基化、羟基化、磷酸化、甲酰化等。

二、折　叠

1. 二硫键的形成

由专一性的氧化酶催化,将—SH 氧化为—S—S—。

2. 构象的形成

在分子内伴侣、辅助酶及分子伴侣的协助下,形成特定的空间构象。分子伴侣(molecularchaperon)是细胞内结构上互不相同的蛋白质家族,其 ATP 酶活性能利用 ATP 的能量使结合肽段释出,促进新生肽逐段折叠为功能构象。

三、高级结构修饰

具有四级结构的蛋白质各亚基分别合成,再聚合成四级结构。亚基聚合过程有一定顺序,各亚基聚合方式及次序由亚基的氨基酸序列决定。细胞内多种结合蛋白如脂蛋白、色蛋白、核蛋白、糖蛋白等,合成后需要和相应辅基结合。如血红蛋白结合血红素、核蛋白结合核酸。糖蛋白的多肽合成后,可在内质网、高尔基体等部位添加糖链。

四、蛋白质合成后靶向分送

细胞内合成的蛋白按合成后的功能和去向分成两类:一类,胞液蛋白由游离核蛋白体合成,包括胞液蛋白、过氧化体蛋白、线粒体蛋白及核内蛋白;另一类,蛋白为分泌蛋白和膜蛋白,由结合于粗面内质网膜的核蛋白体合成。许多蛋白合成后经靶向运送到其相应功能部位,称为蛋白质的靶向运输(targeted transport)或蛋白分送(protein sorting)。而蛋白质靶向输送的信号存在于蛋白质的氨基酸序列中。

各种分泌蛋白合成后经内质网、高尔基体以分泌颗粒形式分泌到细胞外。指引分泌蛋白分送过程的信号序列称信号肽(signalpeptide)。信号肽位于新合成的分泌蛋白前体 N 端,约 15~30 个氨基酸残基,包括氨基端带正电荷的亲水区(1~7 个残基)、中部疏水核心区(15~19 个残基)和近羧基端含小分子氨基酸的信号肽酶切识别区三部分。实验证明信号肽对分泌蛋白的靶向运输起决定作用。

分泌蛋白输出胞外的关键步骤是进入粗面内质网腔,该过程涉及多种蛋白成分,与膜结合核蛋白体翻译过程同步进行,主要步骤如下:① 分泌蛋白在游离核蛋白体上合成约 70 个氨基酸残基,N 端为信号肽,细胞内的信号肽识别颗粒(SRP)是含 6 种亚基的 RNA 核蛋白,SRP 识别信号肽并形成核蛋白体-多肽-SRP 复合物使肽链合成暂时停止,引导核蛋白体结合到粗面内质网膜;② 核蛋白体-多肽-SRP 复合物中的 SRP 识别、结合于内质网膜上的对接蛋白(docking protein,DP),DP 水解 GTP 供能使 SRP 分离,核蛋白体大亚基与膜蛋白结合固定,多肽链继续延长;③ 信号肽通过结合内质网膜特异结合蛋白,启动形成蛋白跨膜通道,后者并与核蛋白体结合,信号肽利用 GTP 水解释能插入内质网膜,并引导延长多肽经通道进入内质网腔,信号肽经信号肽酶切除。多肽在分子伴侣蛋白作用下逐步折叠成功能构象。进入内质网腔的分泌蛋白进而在高尔基体包装成分泌颗粒完成出胞过程。

另外,粗面内质网上的核蛋白体还合成各种膜蛋白及溶酶体蛋白。除信号肽外,膜蛋白前体序列中含有其他定位序列,是富含疏水氨基酸序列,能形成跨膜;螺旋区段;膜蛋白合成后,按上述过程穿进内质网膜,并以各定位序列固定于内质网膜。然后以膜性转移小泡形式把膜蛋白靶向运到膜结构部位与膜融合,这样膜蛋白根据其功能定向镶嵌于相应膜中。(图 12-16)

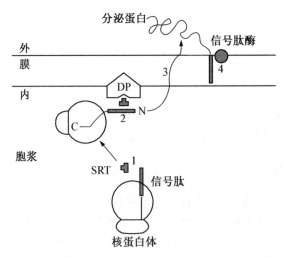

图 12-16 分泌性蛋白质的转运

1. 信号肽被 SRP 识别;2. SRP 把核糖体带至胞膜的胞浆面;
3. 信号肽带动蛋白质穿膜而出;4. 信号肽反折回膜被信号酞酶水解

第十三章

基因表达调控

　　染色体储存着决定生物性状的全部基因。通过基因表达,DNA 中的遗传信息即可用以决定细胞的表型和生物形状。基因的表达随着组织细胞及个体发育的阶段的不同,随着内外环境的变化的不同,而表现为不同的基因的表达。外界环境条件的某些变化,也不同程度地影响有关基因的开关或表达强度。生物体内基因表达的开启、关闭以及表达的强度直接受特定机制的调控。人类基因组 DNA 中约含 3～5 万个基因,但在某一特定时期,只有少数的基因处于转录激活状态,其余大多数基因则处于静息状态。一般来说,在大部分情况下,处于转录激活状态的基因仅占 5%。

第一节　基因表达调控的基本原理

一、基因表达的概念

　　基因表达(gene expression)是指储存遗传信息的基因在各种调节机制下经过一系列步骤表现出其生物功能的整个过程。典型的基因表达是基因经过转录和翻译,产生有生物活性的蛋白质过程。基因表达的调控:基因表达在体内受到精密调控,以保证功能的有序性,称为基因表达的调控。

　　基因调控主要在三个水平上进行:

　　1. DNA 水平:基因激活。

　　2. 转录水平:转录起始,转录后加工,mRNA 降解。

　　3. 翻译水平:蛋白质翻译,翻译后加工,蛋白质降解。

二、基因表达的特性

　　1. 阶段特异性

　　指生物体特异基因的表达按特定时程阶段顺序进行,在多细胞生物,细胞分化、发育为组织和器官的各个不同发育阶段,相应基因也严格按一定的时间顺序开启或关闭,表现为与分化、发育阶段相一致的时间性,如某些蛋白仅在胚胎期表达而出生后即停止产生。这种基因表达呈现严格的时间性,称阶段特异性(stage specificity)。按发育阶段出现的基因产物与特定的代谢功能有关,并决定细胞向特定的方向分化和发育。一般早期发育阶段的基因表达较多。

2. 组织特异性

在多细胞生物中,在某一发育、生长的阶段,同一基因产物在不同的组织器官中表达的数量不同;不同的基因产物在不同的组织器官中的分布也不完全相同,这就是基因表达的组织特异性(tissue specificity)。这种基因产物在机体各空间部位特异出现而不平均分布的性质又称基因表达的空间特异性。

三、基因表达的方式

生物只有适应环境才能生存,生物体内的基因调控方式各不相同,根据基因表达随环境变化的情况,可以把基因表达分成三类。

1. 组成性表达(constitutive expression)

组成性表达指不受环境变化而变化的一类基因表达。这些基因表达产物是细胞或生物体整个生命过程中都持续需要而必不可少的,在近全部组织的所有细胞中的表达是持续且较为恒定的,这些基因称为管家基因(housekeeping gene)。

2. 适应性表达(adaptive expression)

适应性表达指环境的变化容易使其表达水平变动的一类基因表达。随环境条件变化基因表达水平增高的现象称为诱导(induction),这类基因被称为可诱导的基因(inducible gene)。相反,随环境条件变化而基因表达水平降低的现象称为阻遏(repression),相应的基因被称为可阻遏的基因(repressible gene)。诱导和阻遏是同一事物的两种表现形式,在生物界普遍存在,是生物体适应环境的基本途径。

3. 协调表达

生物体内某一代谢途径需要多种酶与蛋白质共同参与,协同作用。

基因表达调控的意义,一方面是使生物体适应环境的不断变化,维持其生存的需要。从低等生物到人体各种生物在处于环境变化,如营养、温度、渗透压改变时,能够对环境信号作出反应,改变各种自身基因表达速率,调整体内参与相应功能的蛋白质的种类、数量,改变代谢状况以适应环境需要。另一方面是保证多细胞生物进行正常地分化、发育、繁殖和代谢等生命活动。如生物按不同阶段逐渐发育成长,需要在相应阶段使大量不同基因表达产生必需的蛋白质、酶的体系。生物体严格调控,使这些基因按不同时间阶段顺序表达,使生物体组织器官发育、分化正常进行。这些基因结构异常或表达异常都会影响器官正常发育。

第二节 原核生物基因表达的调控

一、操纵子

存在于原核生物中的一种主要的调控模式是操纵子(operon)调控模式,该模式也见于低等真核生物中。在原核生物中,若干结构基因可串联在一起,其表达受到同一调控系统的调控,这种基因的组织形式称为操纵子(operon)。典型的操纵子可分为控制区和信息区两部分。

控制区由各种调控基因所组成,而信息区则由若干结构基因串联在一起构成(图 13-1)。

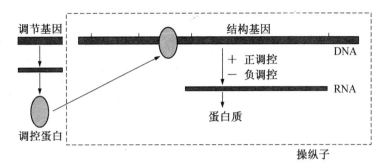

图 13-1　经典的操纵子结构

（一）调节基因的作用

1. 负调控作用：调节蛋白结合操纵基因后抑制结构基因的转录。

2. 正调控作用：调节蛋白结合操纵基因后促进结构基因的转录。

（二）操纵子的分类

1. 可诱导的操纵子：如乳糖操纵子,当加入小分子诱导物后,开启基因。

2. 可阻遏的操纵子：如色氨酸操纵子(trp operon)属于阻遏型操纵子,当加入小分子阻遏物后,关闭基因。

二、乳糖操纵子

大肠杆菌(E. coli)能利用葡萄糖、乳糖、麦芽糖、阿拉伯糖等作为碳源供应能量。当培养基中有葡萄糖和乳糖时,细菌优先利用葡萄糖;当葡萄糖耗尽,细菌停止生长,经过短时间的适应后利用乳糖供应能量,继续繁殖。

大肠杆菌利用乳糖至少需要 3 种酶：促使乳糖进入细菌的乳糖透酶(lactose permease)、催化乳糖分解第一步反应的 β-半乳糖苷酶(β-galactosidase)和催化半乳糖乙酰化的转乙酰基酶。

（一）乳糖操纵子的结构及功能

大肠杆菌乳糖操纵子(lac operon)的基本结构为 3 个结构基因(structural gene)、1 个启动子 P、1 个操纵序列 O 和 1 个调节基因 I (图 13-2)。3 个结构基因 Z、Y 和 A 分别编码 β-半乳糖苷酶、乳糖透酶和转乙酰基酶。启动子 P 为 RNA 聚合酶辨认和结合的位点。调节基因 I 编码阻遏蛋白,后者可结合到操纵序列 O 上使 RNA 聚合酶不能从启动子 P 处进入到结构基因上,因而结构基因的表达被关闭。在 P 的上游还有分解代谢物基因激活蛋白(CAP)结合的位点。

图 13-2　乳糖操纵子的基本结构

（二）酶的诱导现象

E. coli 的 β-半乳糖苷酶是一种诱导酶（inductive enzyme），可催化乳糖和其他 β-半乳糖苷化合物的水解。当 E. coli 以乳糖为唯一碳源时，这种酶就被诱导产生；而当培养基中不存在乳糖时，该酶也就不产生。另外，β-半乳糖苷的含硫类似物，如甲基硫代半乳糖苷和异丙基硫代半乳糖苷（isopropyl-β-D-thiogalactoside，IPTG）是该酶的高效诱导物（inducer），但它们不可被酶分解。在分子生物学实验中，常使用 IPTG 来诱导含有 lac 启动子的基因的表达。

（三）乳糖操纵子的负性调节

当没有调节蛋白时结构基因是表达的，而加入调节蛋白后结构基因的表达被关闭，这种控制系统称为负性调节（negative regulation）。

当无乳糖时，乳糖操纵子中调节基因 I 编码的阻遏蛋白与操纵序列结合，阻碍 RNA 聚合酶与 P 结合，结构基因无表达。因此，这种调节称为负性调节。负性调节的关键是调节基因 I 的产物阻遏蛋白与操纵序列的结合。（图 13-3，图 13-4）

当阻遏蛋白与一些小分子化合物结合后会影响其与操纵基因的亲和力。这些小分子化合物称为效应物（effectors）。乳糖操纵子的效应物就是诱导物。当诱导物与阻遏蛋白结合时，能降低阻遏蛋白与操纵基因的亲和力，从而促进操纵子中结构基因的表达。当有乳糖存在时，乳糖经透酶催化、转运进入细胞，再经原先存在于细胞中的少量 β-半乳糖苷酶催化，转变为异乳糖作为诱导物，可以形成阻遏蛋白-诱导物复合物。诱导物的结合改变了阻遏蛋白的构象，降低了它与操纵基因的亲和力。当阻遏蛋白不与操纵基因结合时，有利于 RNA 聚合酶与启动子形成起始复合物以及 RNA 聚合酶沿着 DNA 模板移动，最终促成结构基因的转录。

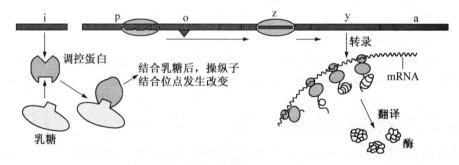

图 13-3　乳糖操纵子阻遏蛋白的负性调节（有诱导物时，诱导物与阻遏蛋白结合，使其变构，从操纵基因上解离出来，基因开放）

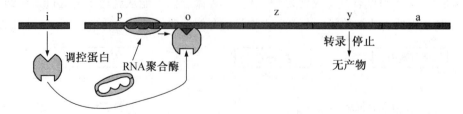

图 13-4　乳糖操纵子阻遏蛋白的负性调节（无乳糖，无诱导物时，转录作用被表达的阻遏蛋白所阻断）

（四）乳糖操纵子的正性调节

正调控蛋白：正调控蛋白结合于特异 DNA 序列后促进基因的转录。该蛋白可与 RNA 聚合酶作用，促进转录的启动。如果没有调节蛋白时结构基因的活性是关闭的，而加入调节蛋白后结构基因的活性被开启，这种控制系统称为正性调节（positive regulation）。

CAP 蛋白：分解代谢物基因活化蛋白（catabolite gene activator protein），是由 cAMP 控制的，cAMP 结合于 CAP，促进 CAP 与 DNA 结合，促进 RNA 聚合酶与启动子结合，转录被激活。

lac 操纵子的正性调节与 CAP 直接相关。当培养基中葡萄糖耗尽时，E. coli 经过一段停滞期后，在培养基中存在乳糖的情况下诱导产生代谢乳糖的酶，而降解乳糖总是与 cAMP 浓度呈正相关。当没有 cAMP 时，CAP 处于非活性状态。当 CAP 与 cAMP 结合后，CAP 构象改变，成为活性形式的 cAMP-CAP，然后提高对 DNA 位点的亲和性，激活 RNA 聚合酶，促进结构基因表达。cAMP-CAP 是所有对葡萄糖代谢敏感的操纵子的一个正调控因子，在 lac、gal（半乳糖操纵子）、ara（阿拉伯糖操纵子）等操纵子中均起着正调控作用，促进这些分解代谢有关酶系的合成。cAMP 浓度的高低与细胞内葡萄糖浓度的高低有关，当有葡萄糖时，cAMP 的浓度是低的，CAP 的活性也低；相反，当没有葡萄糖时，cAMP 的浓度是高的，而 CAP 的活性也高。

（五）乳糖操纵子的协同调节

上述正、负性调节的区分是在没有调节蛋白存在的情况下，以操纵子中结构基因对新加入调节蛋白的响应状况来定义的。乳糖操纵子的 CAP 的正调节和阻遏蛋白的负性调节，都是以操纵子为表达单位，包括若干个结构基因和调控元件一起协同地运转。有无葡萄糖和/或乳糖时，乳糖操纵子的调控出现 4 种情况，见图 13-5。当有葡萄糖和乳糖同时存在时，由于利用葡萄糖是最节能的，所以细菌优先利用葡萄糖供能。

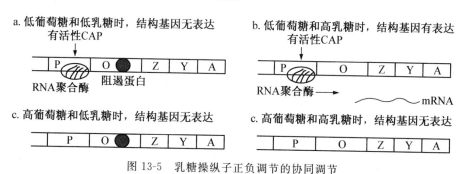

图 13-5　乳糖操纵子正负调节的协同调节

二、色氨酸操纵子

细菌具有合成色氨酸的酶系，编码这些酶的结构基因组成一个转录单位称色氨酸操纵子（trpoperon）（图 13-6）。在操纵子调控下细菌可以经多步酶促反应自身合成色氨酸，但是一旦环境能够提供色氨酸，细菌就会充分利用外源的色氨酸而减少或停止色氨酸酶系的表达。trp 操纵子的结构基因由 E、D、C、B、A 五个基因串连在一起组成，编码三种 E. coli 合成色氨酸（Trp）所必需的酶。结构基因与其上游的启动序列（P）、操纵序列（O）、前导顺序（leadersequence，L）及相距较远的调节基因（R）共同构成 trp 操纵子。P 位于 $-21 \sim +3$ bp，其中 $-23 \sim -3$ 为 0，有部分重叠，故当 O 与阻遏蛋白结合时排斥 RNA 聚合酶与 P 结合。L 紧接在第一个结构基因与启动序列 P 之间，由 162bp 组成，其中又含一段由 43bp 组成的称之为

"衰减子"(attenuator,a)的顺序。L可被转录生成前导mRNA,其中衰减子的转录产物有衰减结构基因表达的作用。

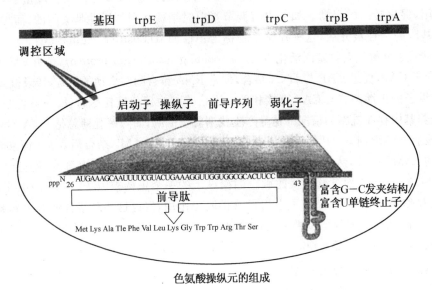

色氨酸操纵元的组成

图13-6　色氨酸操纵子的结构

色氨酸操纵子调控机理:阻遏是色氨酸操纵子的第一控制系统,衰减子是色氨酸操纵子的第二控制系统。

1. 阻遏调控

色氨酸不足:trpR基因编码无辅基阻遏物三维空间结构发生变化,不能与操作元件结合,操纵元开始转录。色氨酸浓度升高:色氨酸与阻遏物结合,空间结构发生变化,可与操作元件结合,阻止转录。(图13-7)

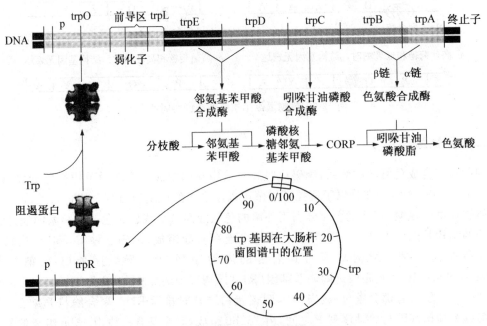

图13-7　色氨酸操纵子的阻遏调控结构

2. 衰减子及其作用

有 Trp 存在,阻遏蛋白对 trp 操纵子抑制作用并不完全,转录起始频率仅减少 70 倍,而大量 Trp 存在时,trp 操纵子可通过一种转录衰减机制使转录再降低达 700 倍,使环境 Trp 水平不同对 trp 操纵子结构基因阻遏程度不同。转录衰减作用的机制见图 13-8 所示,trp 操纵子中的 L 前导序列可转录出 mRNA 前导序列。前导序列内含 4 个短序列,按次序称为序列 1、序列 2、序列 3 及序列 4。序列 1 转录后立即翻译成含 10、11 位两个 Trp 残基的 14 氨基酸短肽,称作前导肽(leaderpeptide),细菌中转录可与前导肽翻译过程偶联进行。当 Trp 浓度高,供应充足时,此前导肽翻译顺利进行,核蛋白体迅速通过序列 1 并覆盖序列 2,此时 mRNA 前导序列 3′端的序列 3、4 可形成一个不依赖 P 因子的茎-环样终止结构——衰减子结构,使 RNA 聚合酶脱落,停止转录。反之,当 Trp 缺乏时,没有色氨酰-tRNA 供给,含 Trp 前导肽翻译阻断,核蛋白体停止在 Trp 密码子前,序列 2 与序列 3 形成发夹,从而阻止了序列 3、4 形成衰减子结构,RNA 转录持续进行。trp 操纵子受阻遏蛋白和衰减子两种调节机制控制。阻遏蛋白的负调控起到粗调的作用,而衰减子起到细调的作用。细菌其他氨基酸合成系统的许多操纵子(如组氨酸、苏氨酸、亮氨酸、异亮氨酸、苯丙氨酸等操纵子)中也有类似的衰减子存在。

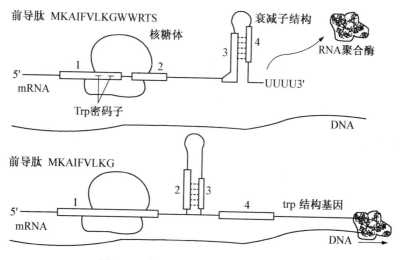

图 13-8　色氨酸操纵子的转录衰减机制

除上面所介绍的几种原核生物操纵子和其他调控方式外,实际上原核生物基因表达调控,还有 RNA 聚合酶中。因子及核心酶的修饰、细菌溶原状态和裂解状态基因表达的调控、严谨反应等多种复杂的调控方式。

第三节　真核原核生物基因表达的调控

单或多细胞真核生物,有核膜将染色体等物质与胞质分开,细胞有有丝分裂和减数分裂两种形式。大多数真核生物基因表达调控极少与环境变化有关,而与生物体生长发育、分化等相关。从调控方式来看,真核生物调控最重要的特点是遗传程序调控。从调控水平来看,主调在转录水平,其次为转录后水平、DNA 水平、翻译及翻译后水平等。以下以 DNA 水平和转录水平调控为例进行介绍。

一、DNA 水平的调控

(一)基因丢失

一些低等生物(线虫、昆虫),甲壳类动物细胞在个体发育过程中丢失掉某些基因,通过改变基因数目达到调控目的,只有生殖细胞中保留整套染色体。

如马蛔虫受精卵细胞内只有一对染色体,但染色体上有多个着丝粒。发育后阶段,纵裂的细胞染色体部分丢失。横裂的细胞染色体不丢失。卵裂时下面的子细胞横裂,保持原有基因组,上面的子细胞纵裂,丢失了部分染色体。长此下去,最下面的子细胞总保持全套基因组,将发育成生殖细胞,其余丢失了部分染色体片段的细胞分化为体细胞。(图 13-9)

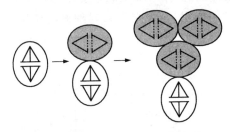

图 13-9　马蛔虫受精卵早期分裂

(二)基因扩增

基因扩增是指细胞内某些特定基因的拷贝数专一性大量增加的现象。其机制多数人认为是基因反复复制的结果,也有人认为是姐妹染色体不均等交换从而使一些细胞中的某种基因增多。

(三)基因重排

基因重排是调整基因片段的衔接顺序,使之重排成新的一个完整转录单位。典型例子是免疫球蛋白 Ig 基因在 B 淋巴细胞和浆细胞生成过程中重排。Ig 的重链和轻链包括恒定区(C)、可变区(V)及两者之间的连接区(J),每区由 DNA 不同片段编码,不同区重排是抗体多样性的基础(图 13-10,图 13-11)。

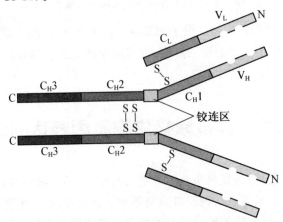

图 13-10　免疫由两条重链和轻链形成的 Y 型结构

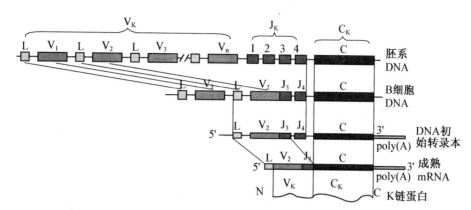

图 13-11　小鼠轻链基因在发育中通过 V、J、C 基因重组产生的重排

（四）基因修饰

基因修饰是在 DNA 分子加上某些基团或去掉某些基团，改变 DNA 的微细结构，调控基因表达。最重要的是甲基化/去甲基化。甲基化/去甲基化在真核基因调控中有重要作用。基因表达与甲基化程度成反比。

（五）染色体结构对基因表达的调控

1. 异染色质化

某些细胞在一定的发育时期和生理条件下，常染色质可凝聚成不具转录活性的异染色质。如水蜡虫体细胞父本的 5 条染色体被异染色质化，在精子形成时丢失。

2. 组蛋白修饰调控

组蛋白被甲基化、乙酰基化和磷酸化后，和 DNA 的结合变松，DNA 链才能和 RNA 聚合酶或调节蛋白相作用。组蛋白的作用本质上是真核基因调节的负控制因子。

二、转录水平的调控

（一）参与调控的主要物质

1. 顺式作用元件

顺式调控元件是基因周围能与特异转录因子结合而影响转录的 DNA 序列。主要是起正性调控的顺式作用元件，包括启动子、增强子和沉默子。

启动子：在结构基因上游，与基因转录启动有关的一段特殊 DNA 顺序称启动子。

增强子：指远离转录起始点，决定基因的时间、空间特异性，增强启动子转录活性的 DNA 序列。增强子通常占 100～200bp 长度，基本核心组件常为 8～12bp。作用机制：间隔 DNA 可以形成环状，通过与增强子结合的特异因子起作用，染色质构型改变（重塑），增强子区域容易发生从 B-DNA 到 Z-DNA 的构象变化。

沉默子：某些基因的负性调节元件，当其结合特异蛋白因子时，对基因转录起阻遏作用。最早在酵母中发现，以后在 T 淋巴细胞的 T 抗原受体基因的转录和重排中证实这种负调控顺式元件的存在。沉默子的作用不受序列方向影响，能远距离发挥作用，并可对异源基因的表达起作用。

2. 反式作用因子

真核生物反式作用因子通常属转录因子（TF），又称分子间作用因子。识别特定 DNA 序列

（通常 8～15 核苷酸）与 DNA 结合后，可以促进（正调控）或抑制（负调控）1 个邻近基因的转录。

（二）转录水平调控

真核细胞三种 RNA 聚合酶只有聚合酶 Ⅱ 能转录生成 mRNA，以下讨论其转录调控。

1. 转录起始调控

RNA pol Ⅱ 转录起始复合物形成，过程如下（见图 13-12）：

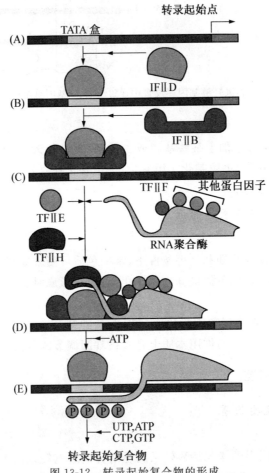

图 13-12　转录起始复合物的形成

（1）TATA 因子和 TATA 盒形成蛋白质-DNA 复合物。

（2）pol Ⅱ 识别并结合蛋白质-DNA 复合物。

（3）转录起始因子结合 pol Ⅱ，形成转录起始复合。

反式作用因子促进或抑制上述过程，调控主要因素有顺式作用元件、反式作用因子和 RNA pol。

2. 5′端的选择

有的基因有两个启动子区，两个长度不同的转录本将会产生组织特异性 mRNA 和蛋白产物。如小鼠的唾腺、肝脏和胰脏中 α-淀粉酶的浓度不同。这是由于不同的组织中使用了 amy 基因 5′端的 2 个不同启动子。在唾腺中使用的启动子 PS 较强，转录活性比肝脏中使用的启动子 PL 高（见图 13-13）。

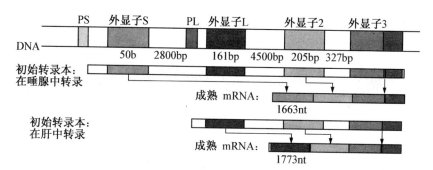

图 13-13 在不同组织中小鼠淀粉酶利用不同启动子产生两个不同产物 mRNA

3. 选择不同的 3′端

一个基因在不同组织中由于 3′端加尾点选择不同也可产生不同的 mRNA,形成不同产物。如大鼠甲状腺中合成的降钙素和脑下垂体合成的神经肽都是由同一个基因编码的,由于 3′端加尾位点的选择不同,使其 mRNA 的 3′端的编码区不同,导致合成的产物也完全不同(见图 13-14)。

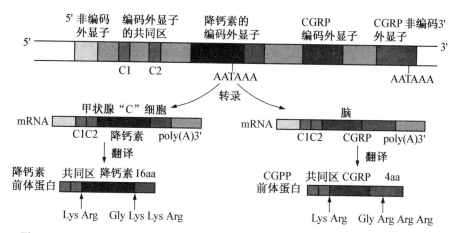

图 13-14 在不同的组织大鼠降钙素基因不同的外显子选择和不同的 polyA 的选择

4. 选择不同外显子

如鸡的肌球蛋白轻链基因在心脏和砂囊中转录后产生的成熟 mRNA 不同,前者为 LC1,后者为 LC3,它们有相同的 3′编码区,但 5′编码区不同(见图 13-15)。

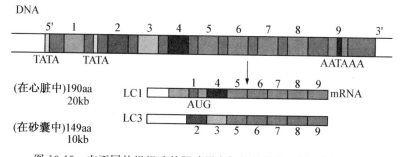

图 13-15 在不同的组织鸡的肌球蛋白轻链前体的不同选择性拼接

参考文献

1. Watson JD，Crick FHC. Molecular structure of nucleic acids：A structure for deoxyribose nucleic acid. Nature，1953，171，737 - 738.

2. Szostak JW，Blackburn EH. Cloning yeast telomeres on linear plasmid vectors. Cell，1982，29：245 - 255.

3. Saiki RK，Scharf S，Faloona F. et al. Enzymatic amplification of beta-globin genomic sequences and restriction site analysis for diagnosis of sickle cell anemia. Science，1985，230(4732)：1350 - 1354.

4. Chalfie M，Tu Y，Euskirchen G，Ward WW，Prasher DC. Green fluorescent protein as a marker for gene expression. Science，1994，263(5148)：802 - 805.

5. James J. Miescher's discoveries of 1869. A centenary of nuclear chemistry. J histochem cytochem，1970，18 (3)：217 - 219.

6. 王镜岩. 生物化学. 第 3 版，北京：高等教育出版社，2002 年.

7. ［美］David LN，Michael MC 著，周海梦等译. 生物化学原理. 第 3 版，北京：高等教育出版社，2005 年.